主编　中国建设监理协会

中国建设监理与咨询

28

2019 / 3

总第28期

CHINA CONSTRUCTION MANAGEMENT and CONSULTING

中国建筑工业出版社

图书在版编目（CIP）数据

中国建设监理与咨询 28/ 中国建设监理协会主编.—北京：中国建筑工业出版社，2019.8
ISBN 978-7-112-24042-5

Ⅰ.①中…　Ⅱ.①中…　Ⅲ.①建筑工程—监理工作—研究—中国
Ⅳ.①TU712.2

中国版本图书馆CIP数据核字（2019）第165960号

责任编辑：费海玲　焦　阳
责任校对：王　烨

中国建设监理与咨询 28

主编　中国建设监理协会

*

中国建筑工业出版社出版、发行（北京海淀三里河路9号）
各地新华书店、建筑书店经销
北京雅盈中佳图文设计公司制版
天津图文方嘉印刷有限公司印刷

*

开本：880×1230毫米　1/16　印张：7½　字数：300千字
2019年8月第一版　2019年8月第一次印刷
定价：**35.00**元

ISBN 978-7-112-24042-5
（34546）

编辑部

地址：北京海淀区西四环北路 158 号
慧科大厦东区 10B

邮编：100142

电话：（010）68346832

传真：（010）68346832

E-mail：zgjsjlxh@163.com

中国建设监理与咨询

目录 CONTENTS

行业动态

政策法规消息

本期焦点：全过程工程咨询服务

监理论坛

项目管理与咨询

创新与研究

企业文化

百家争鸣

住房和城乡建设部在杭举办全过程工程咨询服务发展指导意见宣贯培训班

为贯彻落实习近平总书记关于住房和城乡建设工作的重要论述，准确理解《国家发展改革委、住房城乡建设部关于推进全过程工程咨询服务发展的指导意见》（以下简称《意见》），进一步做好房屋建筑和市政基础设施领域全过程工程咨询服务工作，2019 年 4 月 24 日，住房和城乡建设部在杭州举办全过程工程咨询服务发展指导意见宣贯培训。

张毅司长在开班式上强调，要创新咨询服务组织实施方式，大力发展以市场需求为导向、满足委托方多样化需求的全过程工程咨询服务模式。各地要统一思想，充分认识推进全过程工程咨询服务发展的意义。要认真学习，准确把握《意见》的精髓，要重点把握和理解从鼓励发展多种形式全过程工程咨询、重点培育全过程工程咨询模式、优化市场环境、强化保障措施等方面提出一系列政策措施；要立足本地实际，抓紧出台本地的实施意见，扎实推进全过程工程咨询各项工作。

监理培训工作纳入住房和城乡建设部专业技术人才培训体系

2019 年 4 月 9 日，全国市长研修学院（住房和城乡建设部干部学院）逄宗展副院长一行到中国建设监理协会商讨总监理工程师培训事宜。

逄宗展副院长表明了此行的目的。他表示，为了贯彻党的十九大精神和中央城市工作会议精神，全国市长研修学院按照《住房城乡建设部国家级专业技术人员继续教育基地培训规划（2017~2020 年）》要求开展相关培训工作。他介绍了学院国家级专业技术人员继续教育基地建设工作和基地领导小组人员结构，以及相关培训工作实施方式与要求，希望依托协会行业发展方面的工作经验和资源，在培训内容、师资、培训人员等方面开展合作，根据市场化需求，开启培训新阶段。

王学军副会长兼秘书长介绍了协会会员基本情况和专家队伍建设情况，以及近年来在会员业务辅导方面开展的系列工作和行业需要加强业务培训的愿望。

王早生会长代表协会欢迎逄宗展副院长一行的到来，感谢他们对监理行业发展的高度重视及所开展的大量工作。他表示，监理行业一直处在发展变化中，有其自身的特点，目前正赶上政府加强监督好机会。住房和城乡建设部干部学院“十三五”万名总师培训计划将监理培训纳入部专业技术人才培训体系，将监理培训推进了一个层次，提升了一个台阶。协会将积极推进与住房和城乡建设部干部学院合作，力争在高层次人才培养和深层次合作等方面有所突破。

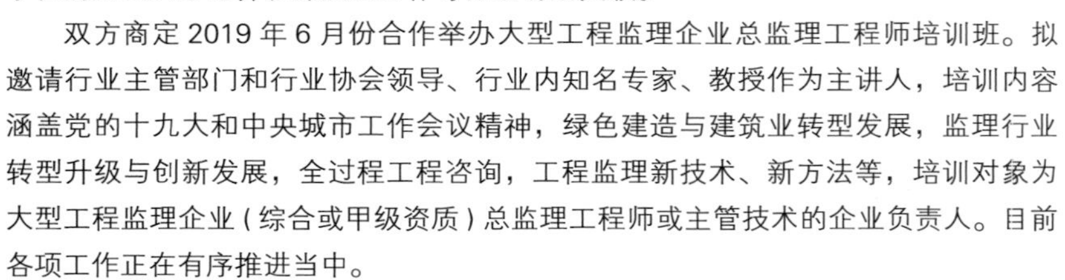

双方商定 2019 年 6 月份合作举办大型工程监理企业总监理工程师培训班。拟邀请行业主管部门和行业协会领导、行业内知名专家、教授作为主讲人，培训内容涵盖党的十九大和中央城市工作会议精神，绿色建造与建筑业转型发展，监理行业转型升级与创新发展，全过程工程咨询，工程监理新技术、新方法等，培训对象为大型工程监理企业（综合或甲级资质）总监理工程师或主管技术的企业负责人。目前各项工作正在有序推进当中。

协会副秘书长吴江，培训部、行业发展部等相关工作人员参加了座谈交流。

中国建设监理协会王早生会长一行到福建调研

2019年3月29日，中国建设监理协会会长王早生一行到福建省调研监理行业发展情况。

福建省工程监理与项目管理协会会长张际寿介绍了福建省建设监理行业发展的基本情况和监理人才教育培训、规范监理招投标管理、工程监理企业综合评价体系建设、全过程工程管理试点等工作。福州市建设监理协会会长饶舜、厦门市建设监理协会会长缪存旭及近20家监理企业代表就全过程工程咨询内容、工程质量安全、招投标管理、监理资质管理、企业诚信和企业文化建设、分公司挂证、监理企业转型升级等方面积累的经验和遇到的问题进行了交流和探讨。厦门市建设局工程建设管理处处长刘以汉表示，各位代表提出的问题确实一直存在，客观的问题一下子很难改变，但行政主管部门和行业协会都在开展这方面的工作，相信监理行业发展会越来越好，监理市场会越来越规范，行业形象也会逐步得到提升。

王学军副会长兼秘书长表扬了福建省监理行业取得的成绩，对与会代表反映的问题进行了总结分析，希望监理企业做专做精，把监理与政府购买服务联系起来，提高监理工程管理技术、科技含量和信息化水平，逐步走向智能化。

王早生会长肯定了福建省工程监理与项目管理协会所做的工作，强调了监理行业首先要把自己的事做好，好好研究招投标问题，完善优胜劣汰市场竞争机制，鼓励监理企业做大做强；其次，关于恶性低价竞争问题，他认为不能单纯地依靠政府，企业本身可以做一些事情；最后是安全责任、监理旁站问题，他认为这是国家强制监理的原因所在，是目前监理行业得以生存和发展的根本，要努力明确其要求与范围，把安全责任理清楚，防止扩大化。

《监理行业标准编制导则》开题会暨课题组第一次工作会议在郑州召开

2019年5月16日，《监理行业标准编制导则》开题会暨课题组第一次工作会议在郑州顺利召开。

《监理行业标准编制导则》是中国建设监理协会2019年度的一项重要研究课题，旨在提高监理行业标准的编制水平和质量，促进建设工程监理工作的标准化和规范化。2019年初，河南省建设监理协会牵头组织开展导则的编制工作。

中国建设监理协会副秘书长吴江、河南省建设监理协会会长陈海勤出席会议并讲话。河南省建设监理协会常务副会长兼秘书长孙惠民主持会议，副会长耿春致欢迎辞。课题组全体人员参加了会议。

会议介绍了课题项目合同书内容和课题编制工作大纲、工作计划及任务分工。课题组专家对课题的编制工作大纲及任务分工进行了充分讨论，并提出了意见和建议，确定了课题组工作方向、阶段性目标及送审稿的完成时间。

吴江副秘书长指出，中国建设监理协会对导则的编制工作高度重视，也十分支持，希望编制工作能够尽快高质量完成，提升监理行业的标准编制水平，指导规范监理行业标准的编制工作。他强调，课题组要有严谨的工作态度，系统规划编制内容，保证导则的可操作性和适用性，按时完成编制工作。

课题组长陈海勤强调，课题组要高度重视此项工作，将该项工作作为重点来抓，以更高的层次、更高的标准确保编制成果的高质量；按照既定目标，严格时间节点，集中精力，抓住重点，确保导则编制进度；开拓思路，搞好调研，多与行业专家沟通交流，听取专家意见，借鉴行业内外先进经验，确保导则既接地气，又具有前瞻性，确保高质量圆满完成编制工作。

（河南省建设监理协会　供稿）

住房和城乡建设部办公厅同意上海市、北京市开展提高（注册）监理工程师执业资格考试报名条件试点工作

住房和城乡建设部办公厅 2019 年 4 月 30 日发函（建办市函〔2019〕283 号）同意上海市开展提高注册监理工程师执业资格考试报名条件试点工作，试点自 2019 年 4 月 30 日开始，期限 2 年；2019 年 5 月 23 日发函（建办市函〔2019〕329 号）同意北京市提高监理工程师职业资格考试报名条件试点工作，试点自 2019 年 5 月 31 日起，期限 2 年。

上海市召开监理报告制度管理工作会

2019 年 5 月 21 日下午，上海市建设工程安全质量监督总站在建管大楼召开“监理报告制度管理工作会”。市安质监总站副站长金磊铭出席并作重要指示，技术信息科科长余洪川主持会议，上海市建设工程咨询行业协会秘书长徐逢治受邀出席会议并作讲话。全市近 200 家监理企业代表参会。

会议通报上海本市近期发生的建设工程领域重大安全生产事故，部署了上海市房屋建设领域安全隐患专项整治“百日行动”工作要求，对市住建委修订颁布的《关于印发 < 上海市建设工程监理报告若干规定 > 的通知》（沪建质安〔2018〕226 号）作解读宣贯，反馈了近一年来监理报告制度的执行情况和检查调研结果，并对进一步加强工作落实提出了明确指示。

陈怡宣副科长宣贯了新版《上海市建设工程监理报告若干规定》。她指出，监理报告执行情况不理想，一方面反映在报告的数量，自 2019 年 4 月启用新版监理报告系统以来，上报率仅达到 65%，监督机构开具整改单的，仍有 20% 未予整改；另一方面，监理报告的质量也有待提高，在过去的检查过程中发现部分报告的内容不符合要求，或者不真实不全面。这些现象主要由于企业和从业人员对监理报告制度的认识不统一导致的，企业不重视、培训不到位、责任心不强、制度理解偏差等。

徐逢治秘书长希望行业企业要正确认识上海市安全生产的严峻形势，不能因为“5.16 事故”不涉及监理责任就忽视事故带来的惨痛教训，要严守安全底线，保持警钟长鸣；从业人员也应在思想上高度认识，监理报告既是法律法规和社会责任的体现，也是监理尽职免责的底线；与此同时，企业要不断提升监理工作信息化水平，应用科学的管理手段将专业价值发挥到极致。徐逢治秘书长表示，协会将努力发挥行业自律管理的积极作用，一是强化培训教育，事故案例讲座、监理报告专项培训和从业人员岗位培训相结合；二是加强行业自律，持续跟踪关注各项检查活动的开展和整改情况，对整改不力的企业予以公示，并将监理报告的执行情况作为协会示范创优活动的参考因素；三是推动标准化建设，做好相关标准与监理报告制度的有机衔接。

金磊铭副站长指出，上海自 2011 年试点实施监理报告制度以来，对督促落实参建各方主体责任、加强工程质量安全管控起到了一定的促进作用，是提高政府监管效率的有效手段，是发现重大风险隐患的保障平台，要高度重视监理报告制度的重要意义。他强调，行业要全面理解上海市监理报告制度修订升级的核心内容，本次修订一方面严格限制了系统中的上报时限，也增加了责任减免的条款，明确监理单位已经报告并采取相应措施的，建设主管部门在事后追责会根据实际情况相应减免监理责任，这也是保障监理权力的一项突破。在当前安全生产形势下，严格执行房屋建设领域安全隐患专项整治“百日行动”的统一部署，坚决杜绝重大事故、遏制较大事故、减少一般事故。监理从业者要保持对工程质量安全的高度责任感，全身心投入监理工作，以扎实的工作成效迎接新中国成立 70 周年的到来。

监理行业转型升级创新发展业务辅导活动在成都市举办

2019年5月22日，中国建设监理协会在四川省成都市举办了监理行业转型升级创新发展业务辅导活动。共有来自四川、云南、贵州、重庆、甘肃、宁夏、青海、广西、新疆9个地区的300余名会员代表参加活动。活动分别由中国建设监理协会副秘书长温健、王月主持。四川省建设工程质量安全与监理协会监理分会长汤友林到会致辞。

中国建设监理协会会长王早生作了“不忘监理初心，积极转型升级，努力促进建筑业高质量发展”的专题报告，中国建设监理协会副会长兼秘书长王学军作活动总结发言。

活动邀请了来自高等院校、行业协会、监理企业的6名专家围绕中国工程咨询服务已经跨入到全过程工程咨询新阶段、工程项目管理的实践探索、对全过程工程咨询的理解与实践、工程监理与工程设计、监理企业的风险控制、BIM技术及逆向工程技术应用等作了专题授课。

河北省建筑市场发展研究会召开进一步贯彻落实工程监理单位安全生产管理法定职责会议

2019年4月25日起，河北省住房和城乡建设厅在全省范围内组织开展建筑施工安全生产大排查大整治，确保全省建筑施工安全。

2019年5月13日，河北省建筑市场发展研究会在石家庄组织召开“关于进一步贯彻落实工程监理单位安全生产管理法定职责的会议”，省内各监理企业总工、安全生产管理负责人及从业者共计260余人参加此次会议。会议由秘书长穆彩霞主持。授课嘉宾为河北广德工程项目管理有限公司总经理邵永民。

会议指出，监理企业要提高安全生产意识，加强企业管理，健全企业安全管理制度，做好培训工作，加强对项目监理机构检查、考核，规范监理行为，切实履行监理企业安全生产管理法定职责；监理人员要提高自身业务水平，加强安全生产业务知识学习，熟悉工程建设相关法律法规、工程建设强制性标准，认真落实监理安全生产管理的法定职责。同时监理企业及监理从业人员要提高风险防范意识和法律维权意识，维护监理企业合法权益，促进监理行业健康发展。

（河北省建筑市场发展研究会　供稿）

北京市印发《北京市房屋建筑和市政基础设施工程监理人员配备管理规定》

为进一步深化“放管服”改革，优化营商环境，加强北京市工程质量管理，充分发挥工程监理质量安全监督职责作用，促进首都建筑业持续健康发展，依据《建设工程质量管理条例》《建设工程安全生产管理条例》《北京市建设工程质量条例》《建设工程监理规范》，2019年4月11日，北京市住房和城乡建设委员会发文（京建法〔2019〕12号）印发《北京市房屋建筑和市政基础设施工程监理人员配备管理规定》。

监理企业开展全过程工程咨询创新发展交流活动在合肥顺利举办

2019 年 5 月 29 日，由中国建设监理协会主办、安徽省建设监理协会协办的监理企业开展全过程工程咨询创新发展交流活动在合肥顺利举行。来自全国 300 余名会员代表参加活动。安徽省住房和城乡建设厅建筑市场监管处处长严春出席并致辞。活动分别由中国建设监理协会副秘书长温健、吴江主持。

中国建设监理协会会长王早生从监理行业沿革、行业现状、面临的主要问题与挑战及工程监理改革发展 4 个方面进行了报告。对行业的发展提出了几点展望：明确监理定位与职责；推进行业转型升级，创新发展全过程工程咨询；加强科技创新；提高 BIM 等信息化技术应用水平；探索监理文化建设；加快推进行业诚信体系建设；培养人才，打造学习型组织；鼓励监理企业拓展政府购买服务；推进法制建设以及加强标准化建设。

本次活动中，上海建科工程咨询有限公司总经理张强、广州珠江工程建设监理有限公司副总工程师温育希、晨越建设项目管理集团股份有限公司董事长王宏毅、海南新世纪建设项目咨询管理有限公司董事长马俊发、河北冀科工程项目管理有限公司总经理郭建明、河南长城铁路工程建设咨询有限公司总经理助理陈建霞、重庆兴宇工程建设监理有限公司总经理赵清献、永明项目管理有限公司副总经理郑广军、浙江五洲管理工程项目管理有限公司董事长蒋廷令等 9 位企业代表围绕监理企业开展全过程工程咨询创新发展分别作了“战略导向、创新驱动，推进监理企业高质量发展”“让数字建设迈向智慧建设 着力提升工程咨询水平”“科技创新为全过程工程咨询助力”“监理企业的转型升级——发展装配式建筑产业基地实践”“全过程咨询助推绿色建筑业产业化发展”“新形势下监理企业创新发展的思考与实践”“建设工程第三方安全管理技术服务管理工作经验分享”“紧跟大数据时代步伐 打造现代化管理系统”“监理企业转型全过程工程咨询的探索”等专题报告。

中国建设监理协会副会长兼秘书长王学军作活动总结发言。希望广大会员紧紧围绕住建部工作部署和行业发展实际，坚持稳中求进的工作原则，以供给侧改革为主线，坚持市场导向，发挥监理队伍在工程监理和工程管理咨询方面的优势，根据市场和政府的需求不断规范工程监理行为和工程管理咨询工作，提高履职能力和服务质量，共同克服阻碍行业发展的问题和矛盾，推进工程监理行业高质量发展。

中国建设监理协会化工分会研讨项目管理模式，交流分享发展经验

中国建设监理协会化工监理分会（以下简称化工监理分会）项目管理模式研讨会于 2019 年 4 月 17 日在重庆召开，来自全国各地 30 余家会员单位的 40 余名代表参加了会议。会议学习领悟十九大精神和习近平总书记系列讲话精神，贯彻传达了《中国建设监理协会 2019 年工作要点》及《中国建设监理协会 2019 年工作要点说明》，交流分享了各企业创新发展经验，探讨了项目管理模式，研究部署下一阶段的工作。

化工监理分会余津勃会长和潘宗高名誉会长出席本次会议并分别讲话；王红秘书长主持会议。重庆监理协会副会长史红和重庆赛迪工程咨询有限公司总工程师康祖荣应邀出席会议。

（中国建设监理协会化工分会　供稿）

广西建设监理协会工程监理专家业务培训顺利进行

2019 年 5 月 17 日，广西建设监理协会工程监理专家业务培训在南宁东春大酒店顺利进行。参加此次培训的工程监理专家库人员共 146 人。广西住房和城乡建设厅建管处副处长王晓明出席开班仪式并致辞。授课嘉宾为广西建设工程质量安全监督总站副站长杨东源、广西城建咨询有限公司副总经理吴建勋。

广西建设监理协会工程监理专家库于 2018 年 9 月开始筹建，2019 年 4 月正式成立，是完善工程监理人才工作体系、提升监理人力资源管理水平的一项重要成果，是凝聚专家力量和服务监理人才队伍建设、促进监理创新发展的一项重要举措。

（广西建设监理协会黄华宇　供稿）

《深圳市工程监理工作标准》编制工作会议在监理协会召开

2019 年 5 月 16 日，《深圳市工程监理工作标准》（以下简称“标准”）编制工作会议在深圳市监理协会召开。深圳市住房和建设局副局长郑晓生，市质监总站站长申新亚，市市政工程质监总站副站长李伟波，建筑市场与招标监管处副处长董亮，福田区质监站站长袁广州，福田区安监站站长孙佳，深圳市监理协会会长方向辉、秘书长龚昌云等 10 人参加了会议。

温州市监理行业与全过程工程咨询发展座谈会顺利召开

2019 年 4 月 3 日下午，温州市全过程工程咨询与监理协会召开“温州市监理行业与全过程工程咨询发展”座谈会，出席此次座谈会的有温州市住建局建筑业处、市建筑工程管理处等相关领导，市城投集团、市名城集团等业主单位负责人，各区招投标站负责人，部分兄弟协会会长等单位代表共 30 余人。

与会人员指出在当前行业中存在招投标低价恶性竞争、职责权利不对等，以及监理服务质量与业主需求难匹配等众多难题，并提出改善竞争环境、提升监理人员综合素质、做好行业自律、统一监理标准等非常具有建设性的意见。

单志伦会长希望温州的各大监理企业能够充分认识自身企业的优缺点，并向外来企业学习他们的闪光点，同时，正确认识全过程工程咨询服务发展的模式，不断加强专业性人才的培育、坚持优质的服务和合理取费，为行业的转型升级创新发展打下良好的基础。

浙江省关于印发《建设项目全过程工程咨询企业服务能力评价办法（试行）》

2019年5月14日，为引导工程咨询类企业转型升级，提高全过程工程咨询企业的服务能力，促进全过程工程咨询健康发展，浙江省全过程工程咨询与监理管理协会印发《建设项目全过程工程咨询企业服务能力评价办法（试行）》。其中附1为建设项目全过程工程咨询企业服务能力评价办法（试行）；附2为全过程工程咨询企业服务能力评价指标和评分标准表（2018版）；附3为全过程工程咨询企业服务能力评价所需依据资料表（2018版）。

陕西省建设监理协会稳步推进全过程工程咨询试点工作

一、成立试点推进工作小组

组　长：商科

副组长：张百祥

成　员：宋波、王翠萍（助理史文斌）、李滨（助理自定）、张锋（助理自定）

二、上半年试点工作目标

（一）4月份

1.2019年4月19日召开陕西省建设监理协会全过程工程咨询试点工作推进与培训会议。

2.2019年4月18日晚，与各试点企业负责人座谈，主要内容：

1）第一批试点企业提交已确定的试点项目阶段性书面报告材料，是否增加试点项目。如增加，推进会议结束前提交试点项目相关材料。

2）第二批试点企业提交试点项目相关情况材料，如不能确定试点项目（或无全过程工程咨询项目），请提出贵企业参与陕西省全过程工程咨询试点工作设想方案，口头提出后推进会议结束前书面提交。

3）请提出对监理协会全过程工程咨询试点工作推进的意见建议。

4）陕西省建设监理协会是否应举行全过程工程咨询业务培训。请提出各试点企业具体需求。

（二）5、6月份

1.召开一次全过程工程咨询试点项目现场观摩、学习、研讨、交流会议。试点现场各试点企业可自主报名，工作小组了解现场条件后确定会议现场。

2.各试点企业提交二季度试点项目阶段性总结报告。

3.工作小组整理、归纳、分析后向陕西省住建厅提交监理协会上半年试点项目工作情况报告。

4.举办全过程工程咨询培训班等业务交流工作。

三、下半年工作安排

1.针对上半年陕西省建设监理协会全过程工程咨询试点工作推进中存在的主要问题提出对策。

2.向对试点工作负责指导的陕西省发改委、住建厅报告上半年试点成效、存在问题、对策。

3.安排下半年全过程工程咨询试点推进具体工作。

贵州省建设监理协会举办第二期《建设工程监理文件资料编制与管理指南》宣贯培训

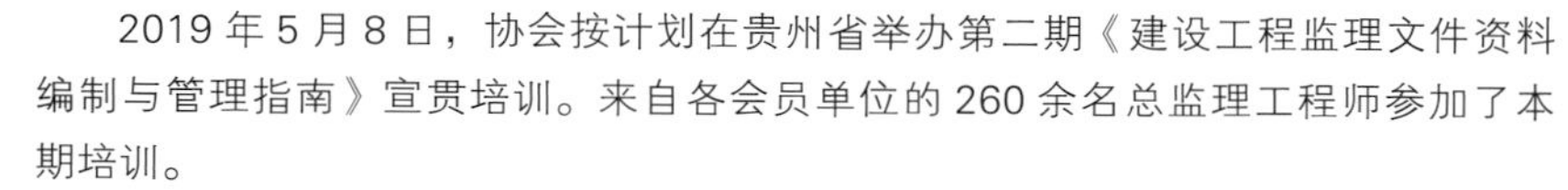

2019 年 5 月 8 日，协会按计划在贵州省举办第二期《建设工程监理文件资料编制与管理指南》宣贯培训。来自各会员单位的 260 余名总监理工程师参加了本期培训。

杨国华会长结合贵州省工程监理行业当前存在的问题，强调了推进工程监理文件资料标准化的意义，介绍了协会组织编制团体标准《建设工程监理文件资料编制与管理指南》的初衷，并向参加培训的各位总监理工程师提出了高度重视监理文件资料、规范编制和管理监理文件资料的要求。

《建设工程监理文件资料编制与管理指南》的主要起草人李富江、汤斌分别介绍了《指南》的意义、作用，并解读了其主要内容。

按计划，今年 6 月份协会还将继续开展《建设工程监理文件资料编制与管理指南》宣贯活动。

上海举办第一届中国建筑工程质量潜在缺陷保险（IDI）和质量风险控制机构（TIS）高峰论坛

2019 年 6 月 15 日，由同济大学和上海市保险学会联合主办，同济大学经济与管理学院、上海同济工程项目管理咨询有限公司、同济大学城市风险管理研究院承办的第一届中国 IDI&TIS 高峰论坛在沪隆重举办。

同济大学副校长雷星晖、上海市住房和城乡建设管理委员会副主任裴晓、上海社会科学院副院长张兆安、上海市住房和城乡建设管理委员会法规处处长陈荣根、上海市浦东新区住宅发展和保障中心主任华毅杰、成都市住建局质量与安全监管处副处长何梅、同济大学城市风险管理研究院院长孙建平、上海建筑科学研究院副总裁何锡兴、上海保险交易所股份有限公司副总经理李峰、上海市保险学会会长张渝等领导出席论坛。来自政府部门、保险机构、TIS 机构、相关高校等 200 余名业内人士共聚一堂，共同探讨 IDI&TIS 模式在我国未来的发展。

近年来，在各级行政主管部门的大力支持及全行业共同努力和积极推动下，建筑工程质量潜在缺陷保险和质量风险控制机构取得了长足发展。2018 年底新颁布的《建筑工程质量潜在缺陷保险质量风险控制机构工作规范》首次对质量风险控制机构提出了明确的工作标准。上海市、北京市出台了相关的管理办法，其他省市也在积极酝酿相关的政策。本届论坛就是为进一步规范和促进 IDI&TIS 行业健康发展，切实发挥 IDI&TIS 试点项目的示范效应，积极搭建行业学术交流互动平台。

论坛由同济大学经济与管理学院副院长、上海市金融硕士教育指导委员会委员阮青松（上午论坛环节）和上海交通大学设计学院副院长车生泉（下午论坛环节）主持。

全国人民代表大会常务委员会关于修改《中华人民共和国建筑法》等八部法律的决定

（2019年4月23日第十三届全国人民代表大会常务委员会第十次会议通过）

第十三届全国人民代表大会常务委员会第十次会议决定：

一、对《中华人民共和国建筑法》作出修改

将第八条修改为："申请领取施工许可证，应当具备下列条件：

（一）已经办理该建筑工程用地批准手续；

（二）依法应当办理建设工程规划许可证的，已经取得建设工程规划许可证；

（三）需要拆迁的，其拆迁进度符合施工要求；

（四）已经确定建筑施工企业；

（五）有满足施工需要的资金安排、施工图纸及技术资料；

（六）有保证工程质量和安全的具体措施。"

"建设行政主管部门应当自收到申请之日起七日内，对符合条件的申请颁发施工许可证。"

二、对《中华人民共和国消防法》作出修改

（一）将第十条修改为："对按照国家工程建设消防技术标准需要进行消防设计的建设工程，实行建设工程消防设计审查验收制度。"

（二）将第十一条修改为："国务院住房和城乡建设主管部门规定的特殊建设工程，建设单位应当将消防设计文件报送住房和城乡建设主管部门审查，住房和城乡建设主管部门依法对审查的结果负责。"

"前款规定以外的其他建设工程，建设单位申请领取施工许可证或者申请批准开工报告时应当提供满足施工需要的消防设计图纸及技术资料。"

（三）将第十二条修改为："特殊建设工程未经消防设计审查或者审查不合格的，建设单位、施工单位不得施工；其他建设工程，建设单位未提供满足施工需要的消防设计图纸及技术资料的，有关部门不得发放施工许可证或者批准开工报告。"

（四）将第十三条修改为："国务院住房和城乡建设主管部门规定应当申请消防验收的建设工程竣工，建设单位应当向住房和城乡建设主管部门申请消防验收。"

"前款规定以外的其他建设工程，建设单位在验收后应当报住房和城乡建设主管部门备案，住房和城乡建设主管部门应当进行抽查。"

"依法应当进行消防验收的建设工程，未经消防验收或者消防验收不合格的，禁止投入使用；其他建设工程经依法抽查不合格的，应当停止使用。"

（五）将第十四条修改为："建设工程消防设计审查、消防验收、备案和抽查的具体办法，由国务院住房和城乡建设主管部门规定。"

（六）将第五十六条修改为："住房和城乡建设主管部门、消防救援机构及其工作人员应当按照法定的职权和程序进行消防设计审查、消防验收、备案抽查和消防安全检查，做到公正、严格、文明、高效。"

"住房和城乡建设主管部门、消防救援机构及其工作人员进行消防设计审查、消防验收、备案抽查和消防安全检查等，不得收取费用，不得利用职务谋取利益；不得利用职务为用户、建设单位指定或者变相指定消防产品的品牌、销售单位或者消防技术服务机构、消防设施施工单位。"

（七）将第五十七条、第七十一条第一款中的“公安机关消防机构”修改为“住房和城乡建设主管部门、消防救援机构”；将第七十一条中的“审核”修改为“审查”，删去第二款中的“建设”。

（八）将第五十八条修改为：“违反本法规定，有下列行为之一的，由住房和城乡建设主管部门、消防救援机构按照各自职权责令停止施工、停止使用或者停产停业，并处三万元以上三十万元以下罚款：

“（一）依法应当进行消防设计审查的建设工程，未经依法审查或者审查不合格，擅自施工的；

“（二）依法应当进行消防验收的建设工程，未经消防验收或者消防验收不合格，擅自投入使用的；

“（三）本法第十三条规定的其他建设工程验收后经依法抽查不合格，不停止使用的；

“（四）公众聚集场所未经消防安全检查或者经检查不符合消防安全要求，擅自投入使用、营业的。

“建设单位未依照本法规定在验收后报住房和城乡建设主管部门备案的，由住房和城乡建设主管部门责令改正，处五千元以下罚款。”

（九）将第五十九条中的“责令改正或者停止施工”修改为“由住房和城乡建设主管部门责令改正或者停止施工”。

（十）将第七十条修改为：“本法规定的行政处罚，除应当由公安机关依照《中华人民共和国治安管理处罚法》的有关规定决定的外，由住房和城乡建设主管部门、消防救援机构按照各自职权决定。

“被责令停止施工、停止使用、停产停业的，应当在整改后向作出决定的部门或者机构报告，经检查合格，方可恢复施工、使用、生产、经营。

“当事人逾期不执行停产停业、停止使用、停止施工决定的，由作出决定的部门或者机构强制执行。

“责令停产停业，对经济和社会生活影响较大的，由住房和城乡建设主管部门或者应急管理部门报请本级人民政府依法决定。”

（十一）将第四条、第十七条、第二十四条、第五十五条中的“公安机关消防机构”修改为“消防救援机构”，“公安部门”“公安机关”“公安部门消防机构”修改为“应急管理部门”；将第六条第三款中的“公安机关及其消防机构”修改为“应急管理部门及消防救援机构”，第七款中的“公安机关”修改为“公安机关、应急管理”；将第十五条、第二十五条、第二十九条、第四十条、第四十二条、第四十五条、第五十一条、第五十三条、第五十四条、第六十条、第六十二条、第六十四条、第六十五条中的“公安机关消防机构”修改为“消防救援机构”；将第三十六条、第三十七条、第三十八条、第三十九条、第四十六条、第四十九条中的“公安消防队”修改为“国家综合性消防救援队”。

三、对《中华人民共和国电子签名法》作出修改

删去第三条第三款第二项；将第三项改为第二项，修改为：“（二）涉及停止供水、供热、供气等公用事业服务的”。

四、对《中华人民共和国城乡规划法》作出修改

将第三十八条第二款修改为：“以出让方式取得国有土地使用权的建设项目，建设单位在取得建设项目的批准、核准、备案文件和签订国有土地使用权出让合同后，向城市、县人民政府城乡规划主管部门领取建设用地规划许可证。”

五、对《中华人民共和国车船税法》作出修改

第三条增加一项，作为第四项：“（四）悬挂应急救援专用号牌的国家综合性消防救援车辆和国家综合性消防救援专用船舶。”

六、对《中华人民共和国商标法》作出修改

（一）将第四条第一款修改为：“自然人、法

人或者其他组织在生产经营活动中，对其商品或者服务需要取得商标专用权的，应当向商标局申请商标注册。不以使用为目的的恶意商标注册申请，应当予以驳回。”

（二）将第十九条第三款修改为："商标代理机构知道或者应当知道委托人申请注册的商标属于本法第四条、第十五条和第三十二条规定情形的，不得接受其委托。”

（三）将第三十三条修改为："对初步审定公告的商标，自公告之日起三个月内，在先权利人、利害关系人认为违反本法第十三条第二款和第三款、第十五条、第十六条第一款、第三十条、第三十一条、第三十二条规定的，或者任何人认为违反本法第四条、第十条、第十一条、第十二条、第十九条第四款规定的，可以向商标局提出异议。公告期满无异议的，予以核准注册，发给商标注册证，并予公告。”

（四）将第四十四条第一款修改为："已经注册的商标，违反本法第四条、第十条、第十一条、第十二条、第十九条第四款规定的，或者是以欺骗手段或者其他不正当手段取得注册的，由商标局宣告该注册商标无效；其他单位或者个人可以请求商标评审委员会宣告该注册商标无效。”

（五）将第六十三条第一款中的“一倍以上三倍以下”修改为“一倍以上五倍以下”；第三款中的“三百万元以下”修改为“五百万元以下”；增加两款分别作为第四款、第五款："人民法院审理商标纠纷案件，应权利人请求，对属于假冒注册商标的商品，除特殊情况外，责令销毁；对主要用于制造假冒注册商标的商品的材料、工具，责令销毁，且不予补偿；或者在特殊情况下，责令禁止前述材料、工具进入商业渠道，且不予补偿。

“假冒注册商标的商品不得在仅去除假冒注册商标后进入商业渠道。”

（六）将第六十八条第一款第三项修改为："（三）违反本法第四条、第十九条第三款和第四款规定的”；增加一款作为第四款："对恶意申请商标注册的，根据情节给予警告、罚款等行政处罚；对恶意提起商标诉讼的，由人民法院依法给予处罚。”

七、对《中华人民共和国反不正当竞争法》作出修改

（一）将第九条修改为："经营者不得实施下列侵犯商业秘密的行为：

“（一）以盗窃、贿赂、欺诈、胁迫、电子侵入或者其他不正当手段获取权利人的商业秘密；

“（二）披露、使用或者允许他人使用以前项手段获取的权利人的商业秘密；

“（三）违反保密义务或者违反权利人有关保守商业秘密的要求，披露、使用或者允许他人使用其所掌握的商业秘密；

“（四）教唆、引诱、帮助他人违反保密义务或者违反权利人有关保守商业秘密的要求，获取、披露、使用或者允许他人使用权利人的商业秘密。

“经营者以外的其他自然人、法人和非法人组织实施前款所列违法行为的，视为侵犯商业秘密。

“第三人明知或者应知商业秘密权利人的员工、前员工或者其他单位、个人实施本条第一款所列违法行为，仍获取、披露、使用或者允许他人使用该商业秘密的，视为侵犯商业秘密。

“本法所称的商业秘密，是指不为公众所知悉、具有商业价值并经权利人采取相应保密措施的技术信息、经营信息等商业信息。”

（二）将第十七条修改为："经营者违反本法规定，给他人造成损害的，应当依法承担民事责任。

“经营者的合法权益受到不正当竞争行为损害的，可以向人民法院提起诉讼。

“因不正当竞争行为受到损害的经营者的赔偿数额，按照其因被侵权所受到的实际损失确定；实际损失难以计算的，按照侵权人因侵权所获得的利益确定。经营者恶意实施侵犯商业秘密行为，情节严重的，可以在按照上述方法确定数额的一倍以上五倍以下确定赔偿数额。赔偿数额还应当包括经营者为制止侵权行为所支付的合理开支。

“经营者违反本法第六条、第九条规定，权利人因被侵权所受到的实际损失、侵权人因侵权所获

得的利益难以确定的，由人民法院根据侵权行为的情节判决给予权利人五百万元以下的赔偿。”

（三）将第二十一条修改为：“经营者以及其他自然人、法人和非法人组织违反本法第九条规定侵犯商业秘密的，由监督检查部门责令停止违法行为，没收违法所得，处十万元以上一百万元以下的罚款；情节严重的，处五十万元以上五百万元以下的罚款。”

（四）增加一条，作为第三十二条：“在侵犯商业秘密的民事审判程序中，商业秘密权利人提供初步证据，证明其已经对所主张的商业秘密采取保密措施，且合理表明商业秘密被侵犯，涉嫌侵权人应当证明权利人所主张的商业秘密不属于本法规定的商业秘密。

“商业秘密权利人提供初步证据合理表明商业秘密被侵犯，且提供以下证据之一的，涉嫌侵权人应当证明其不存在侵犯商业秘密的行为：

“（一）有证据表明涉嫌侵权人有渠道或者机会获取商业秘密，且其使用的信息与该商业秘密实质上相同；

“（二）有证据表明商业秘密已经被涉嫌侵权人披露、使用或者有被披露、使用的风险；

“（三）有其他证据表明商业秘密被涉嫌侵权人侵犯。”

八、对《中华人民共和国行政许可法》作出修改

（一）将第五条修改为：“设定和实施行政许可，应当遵循公开、公平、公正、非歧视的原则。”

“有关行政许可的规定应当公布；未经公布的，不得作为实施行政许可的依据。行政许可的实施和结果，除涉及国家秘密、商业秘密或者个人隐私的外，应当公开。未经申请人同意，行政机关及其工作人员、参与专家评审等的人员不得披露申请人提交的商业秘密、未披露信息或者保密商务信息，法律另有规定或者涉及国家安全、重大社会公共利益的除外；行政机关依法公开申请人前述信息的，允许申请人在合理期限内提出异议。”

“符合法定条件、标准的，申请人有依法取得行政许可的平等权利，行政机关不得歧视任何人。”

（二）第三十一条增加一款，作为第二款：“行政机关及其工作人员不得以转让技术作为取得行政许可的条件；不得在实施行政许可的过程中，直接或者间接地要求转让技术。”

（三）将第七十二条修改为：“行政机关及其工作人员违反本法的规定，有下列情形之一的，由其上级行政机关或者监察机关责令改正；情节严重的，对直接负责的主管人员和其他直接责任人员依法给予行政处分：

“（一）对符合法定条件的行政许可申请不予受理的；

“（二）不在办公场所公示依法应当公示的材料的；

“（三）在受理、审查、决定行政许可过程中，未向申请人、利害关系人履行法定告知义务的；

“（四）申请人提交的申请材料不齐全、不符合法定形式，不一次告知申请人必须补正的全部内容的；

“（五）违法披露申请人提交的商业秘密、未披露信息或者保密商务信息的；

“（六）以转让技术作为取得行政许可的条件，或者在实施行政许可的过程中直接或者间接地要求转让技术的；

“（七）未依法说明不受理行政许可申请或者不予行政许可的理由的；

“（八）依法应当举行听证而不举行听证的。”

《中华人民共和国商标法》的修改条款自2019年11月1日起施行，其他法律的修改条款自本决定公布之日起施行。

《中华人民共和国建筑法》《中华人民共和国消防法》《中华人民共和国电子签名法》《中华人民共和国城乡规划法》《中华人民共和国车船税法》《中华人民共和国商标法》《中华人民共和国反不正当竞争法》《中华人民共和国行政许可法》根据本决定作相应修改，重新公布。

2019年3月21日至6月20日公布的工程建设标准

序号	标准编号	标准名称	发布日期	实施日期
1	GB/T 51366—2019	建筑碳排放计算标准	2019/4/9	2019/12/1
2	JGJ/T 458—2018	预制混凝土外挂墙板应用技术标准	2018/12/27	2019/10/1
3	GB 50352—2019	民用建筑设计统一标准	2019/3/13	2019/10/1
4	GB/T 50378—2019	绿色建筑评价标准	2019/3/13	2019/10/1
5	GB/T 51349—2019	林产加工工业职业安全卫生设计标准	2019/1/24	2019/9/1
6	GB/T 51350—2019	近零能耗建筑技术标准	2019/1/24	2019/9/1
7	GB 51324—2019	灾区过渡安置点防火标准	2019/1/24	2019/9/1
8	GB/T 51330—2019	传统建筑工程技术标准	2019/4/9	2019/8/1
9	GB/T 51345—2018	海绵城市建设评价标准	2018/12/26	2019/8/1
10	GB 50229—2019	火力发电厂与变电站设计防火标准	2019/2/13	2019/8/1
11	JGJ/T 477—2018	装配式整体厨房应用技术标准	2018/12/18	2019/8/1
12	GB 51354—2019	城市地下综合管廊运行维护及安全技术标准	2019/2/13	2019/8/1
13	GB/T 51357—2019	城市轨道交通通风空气调节与供暖设计标准	2019/3/13	2019/8/1
14	JGJ/T 455—2018	住宅排气管道系统工程技术标准	2018/12/6	2019/6/1
15	JGJ/T 419—2018	长螺旋钻孔压灌桩技术标准	2018/12/6	2019/6/1
16	CJJ/T 285—2018	一体化预制泵站工程技术标准	2018/12/6	2019/6/1
17	JGJ/T 404—2018	既有建筑地基可靠性鉴定标准	2018/12/6	2019/6/1
18	JGJ/T 448—2018	建筑工程设计信息模型制图标准	2018/12/6	2019/6/1
19	JGJ/T 195—2018	液压爬升模板工程技术标准	2018/12/6	2019/6/1
20	JGJ/T 439—2018	碱矿渣混凝土应用技术标准	2018/12/6	2019/6/1
21	GB/T 51301—2018	建筑信息模型设计交付标准	2018/12/26	2019/6/1
22	JGJ 459—2019	整体爬升钢平台模架技术标准	2019/2/1	2019/6/1
23	JGJ/T 413—2019	玻璃幕墙粘结可靠性检测评估技术标准	2019/3/27	2019/6/1
24	JGJ/T 453—2019	金属面夹芯板应用技术标准	2019/3/27	2019/6/1
25	JGJ/T 454—2019	智能建筑工程质量检测标准	2019/3/27	2019/6/1
26	JGJ/T 69—2019	地基旁压试验技术标准	2019/3/27	2019/6/1
27	JGJ/T 40—2019	疗养院建筑设计标准	2019/3/27	2019/6/1
28	GB/T 51339—2018	非煤矿山采矿术语标准	2018/11/8	2019/5/8
29	JGJ/T 447—2018	烧结保温砌块应用技术标准	2018/12/18	2019/5/1
30	JGJ/T 443—2018	再生混凝土结构技术标准	2018/12/18	2019/5/1
31	CJJ 274—2018	城镇环境卫生设施除臭技术标准	2018/12/18	2019/5/1
32	JGJ/T 440—2018	住宅新风系统技术标准	2018/12/18	2019/5/1
33	JGJ/T 467—2018	装配式整体卫生间应用技术标准	2018/12/27	2019/5/1
34	CJJ/T 288—2018	城市轨道交通架空接触网技术标准	2018/12/27	2019/5/1
35	CJ/T 111—2018	卡套式铜制管接头	2018/11/16	2019/5/1
36	CJ/T 24—2018	园林绿化木本苗	2018/11/16	2019/5/1
37	CJJ/T 289—2018	城市轨道交通隧道结构养护技术标准	2018/12/18	2019/5/1
38	GB/T 51240—2018	生产建设项目水土保持监测与评价标准	2018/11/1	2019/4/1

续表

序号	标准编号	标准名称	发布日期	实施日期
39	GB/T 50434—2018	生产建设项目水土流失防治标准	2018/11/1	2019/4/1
40	JG/T 565—2018	工厂预制混凝土构件质量管理标准	2018/8/24	2019/4/1
41	JG/T 543—2018	铝塑共挤门窗	2018/11/7	2019/4/1
42	CJ/T 534—2018	游泳池及水疗池用循环水泵	2018/10/30	2019/4/1
43	GB/T 51297—2018	水土保持工程调查与勘测标准	2018/11/1	2019/4/1
44	GB 50089—2018	民用爆炸物品工程设计安全标准	2018/7/10	2019/3/1
45	GB/T 50046—2018	工业建筑防腐蚀设计标准	2018/9/11	2019/3/1
46	GB/T 51311—2018	风光储联合发电站调试及验收规范	2018/9/11	2019/3/1
47	GB/T 51313—2018	电动汽车分散充电设施工程技术标准	2018/9/11	2019/3/1
48	GB/T 51315—2018	射频识别应用工程技术标准	2018/9/11	2019/3/1
49	GB/T 50374—2018	通信管道工程施工及验收标准	2018/9/11	2019/3/1
50	GB/T 51320—2018	建设工程化学灌浆材料应用技术标准	2018/9/11	2019/3/1
51	GB 51321—2018	电子工业厂房综合自动化工程技术标准	2018/9/11	2019/3/1
52	GB/T 51316—2018	烟气二氧化碳捕集纯化工程设计标准	2018/9/11	2019/3/1
53	GB/T 50252—2018	工业安装工程施工质量验收统一标准	2018/9/11	2019/3/1
54	GB 51322—2018	建筑废弃物再生工厂设计标准	2018/9/11	2019/3/1
55	GB 50143—2018	架空电力线路、变电站（所）对电视差转台、转播台无线电干扰防护间距标准	2018/9/11	2019/3/1
56	GB/T 51314—2018	数据中心基础设施运行维护标准	2018/9/11	2019/3/1
57	GB/T 50381—2018	城市轨道交通自动售检票系统工程质量验收标准	2018/4/25	2018/12/1
58	GB/T 51295—2018	钢围堰工程技术标准	2018/4/25	2018/12/1
59	GB 50348—2018	安全防范工程技术标准	2018/5/14	2018/12/1
60	GB/T 51288—2018	矿山斜井冻结法施工及质量验收标准	2018/5/14	2018/12/1
61	GB 50421—2018	有色金属矿山排土场设计标准	2018/5/14	2018/12/1
62	GB 51299—2018	铋冶炼厂工艺设计标准	2018/5/14	2018/12/1
63	GB/T 51300—2018	非煤矿山井巷工程施工组织设计标准	2018/5/14	2018/12/1
64	GB 51298—2018	地铁设计防火标准	2018/5/14	2018/12/1
65	GB 51289—2018	煤炭工业露天矿边坡工程设计标准	2018/5/14	2018/12/1
66	GB/T 51307—2018	塔式太阳能光热发电站设计标准	2018/7/10	2018/12/1
67	GB 51291—2018	共烧陶瓷混合电路基板厂设计标准	2018/3/16	2018/11/1
68	GB/T 50398—2018	无缝钢管工程设计标准	2018/3/16	2018/11/1
69	GB 51282—2018	煤炭工业露天矿矿山运输工程设计标准	2018/3/16	2018/11/1
70	GB 50202—2018	建筑地基基础工程施工质量验收标准	2018/3/16	2018/11/1
71	GB/T 50363—2018	节水灌溉工程技术标准	2018/3/16	2018/11/1
72	GB/T 50551—2018	球团机械设备工程安装及质量验收标准	2018/3/16	2018/11/1
73	GB/T 50643—2018	橡胶工厂职业安全卫生设计标准	2018/3/16	2018/11/1
74	GB 51247—2018	水工建筑物抗震设计标准	2018/3/16	2018/11/1
75	GB 51276—2018	煤炭企业总图运输设计标准	2018/3/16	2018/11/1
76	GB/T 50578—2018	城市轨道交通信号工程施工质量验收标准	2018/3/16	2018/11/1
77	GB 51287—2018	煤炭工业露天矿土地复垦工程设计标准	2018/3/16	2018/11/1

续表

序号	标准编号	标准名称	发布日期	实施日期
78	GB 50288—2018	灌溉与排水工程设计标准	2018/3/16	2018/11/1
79	GB/T 51292—2018	无线通信室内覆盖系统工程技术标准	2018/3/16	2018/11/1
80	GB 51251—2017	建筑防烟排烟系统技术标准	2017/11/20	2018/8/1
81	GB/T 51267—2017	住房公积金个人住房贷款业务规范	2017/10/25	2018/5/1
82	CJJ 122—2017	游泳池给水排水工程技术规程	2017/6/20	2017/12/1
83	CJJ 61—2017	城市地下管线探测技术规程	2017/6/20	2017/12/1
84	JGJ 149—2017	混凝土异性柱结构技术规程	2017/6/1	201711/1
85	GB 50039—2010	农村防火规范	2010/8/18	2011/6/1
86	GB 50565—2010	纺织工程设计防火规范	2010/5/31	2010/12/1

2019年4月开始实施的工程建设标准

序号	标准编号	标准名称	发布日期	实施日期
		国标		
1	GB/T 51297—2018	水土保持工程调查与勘测标准	2018/11/1	2019/4/1
2	GB/T 51240—2018	生产建设项目水土保持监测与评价标准	2018/11/1	2019/4/1
3	GB/T 50337—2018	城市环境卫生设施规划标准	2018/11/1	2019/4/1
4	GB 50433—2018	生产建设项目水土保持技术标准	2018/11/1	2019/4/1
5	GB 51303—2018	船厂工业地坪设计标准	2018/11/1	2019/4/1
6	GB 51304—2018	小型水电站施工安全标准	2018/11/1	2019/4/1
7	GB 50414—2018	钢铁冶金企业设计防火标准	2018/11/1	2019/4/1
8	GB/T 51293—2018	城市轨道交通给水排水系统技术标准	2018/11/1	2019/4/1
9	GB/T 50357—2018	历史文化名城保护规划标准	2018/11/1	2019/4/1
10	GB/T 51334—2018	城市综合交通调查技术标准	2018/11/1	2019/4/1
11	GB 51326—2018	钛冶炼厂工艺设计标准	2018/11/1	2019/4/1
12	GB/T 51238—2018	岩溶地区建筑地基基础技术标准	2018/11/1	2019/4/1
13	GB/T 51335—2018	声屏障结构技术标准	2018/11/1	2019/4/1
14	GB 50068—2018	建筑结构可靠性设计统一标准	2018/11/1	2019/4/1
15	GB/T 51336—2018	地下结构抗震设计标准	2018/11/1	2019/4/1
16	GB/T 51325—2018	煤焦化粗苯加工工程设计标准	2018/11/1	2019/4/1
17	GB/T 50491—2018	铁矿球团工程设计标准	2018/11/1	2019/4/1
18	GB/T 50434—2018	生产建设项目水土流失防治标准	2018/11/1	2019/4/1
19	GB/T 51331—2018	煤焦化焦油加工工程设计标准	2018/11/8	2019/4/1
20	GB/T 51332—2018	含硝基苯类化合物废水处理设施工程技术标准	2018/11/8	2019/4/1
21	GB/T 50224—2018	建筑防腐蚀工程施工质量验收标准	2018/11/8	2019/4/1
22	GB 51333—2018	厚膜陶瓷基板生产工厂设计标准	2018/11/8	2019/4/1

续表

序号	标准编号	标准名称	发布日期	实施日期
行标				
1	CJJ/T 292—2018	边坡喷播绿化工程技术标准	2018/11/7	2019/4/1
2	CJJ/T 96—2018	地铁限界标准	2018/11/7	2019/4/1
3	JGJ/T 451—2018	内置保温现浇混凝土复合剪力墙技术标准	2018/11/7	2019/4/1
4	CJJ/T 287—2018	园林绿化养护标准	2018/11/7	2019/4/1
5	CJJ/T 283—2018	园林绿化工程盐碱地改良技术标准	2018/11/7	2019/4/1
产品行标				
1	CJ/T 563—2018	市政及建筑用防腐铁艺护栏技术条件	2018/8/24	2019/4/1
2	JG/T 566—2018	混凝土和砂浆用天然沸石粉	2018/8/24	2019/4/1
3	JG/T 545—2018	卫生间隔断构件	2018/8/24	2019/4/1
4	JG/T 564—2018	建筑用陶瓷纤维防火板	2018/8/24	2019/4/1
5	CJ/T 246—2018	城镇供热预制直埋蒸汽保温管及管路附件	2018/8/24	2019/4/1
6	JG/T 565—2018	工厂预制混凝土构件质量管理标准	2018/8/24	2019/4/1
7	JG/T 537—2018	建筑及园林景观工程用复合竹材	2018/8/24	2019/4/1
8	CJ/T 250—2018	建筑排水用高密度聚乙烯（HDPE）管材及管件	2018/10/30	2019/4/1
9	CJ/T 527—2018	道路照明灯杆技术条件	2018/10/30	2019/4/1
10	CJ/T 535—2018	物联网水表	2018/10/30	2019/4/1
11	CJ/T 534—2018	游泳池及水疗池用循环水泵	2018/10/30	2019/4/1
12	CJ/T 117—2018	建筑用承插式金属管管件	2018/10/30	2019/4/1
13	CJ/T 526—2018	软土固化剂	2018/10/30	2019/4/1
14	CJ/T 135—2018	园林绿化球根花卉 种球	2018/10/30	2019/4/1
15	CJ/T 529—2018	冷拌用沥青再生剂	2018/10/30	2019/4/1
16	CJ/T 531—2018	生活垃圾焚烧灰渣取样制样与检测	2018/11/7	2019/4/1
17	CJ/T 519—2018	市政管道电视检测仪	2018/11/7	2019/4/1
18	JG/T 543—2018	铝塑共挤门窗	2018/11/7	2019/4/1
19	JG/T 210—2018	建筑内外墙用底漆	2018/11/7	2019/4/1
20	JG/T 520—2018	挤压成型混凝土抗压强度试验方法	2018/11/7	2019/4/1
21	JG/T 115—2018	建筑用钢门窗型材	2018/11/7	2019/4/1
22	JG/T 197—2018	预应力混凝土空心方桩	2018/11/7	2019/4/1

2019年5、6月开始实施的工程建设标准

序号	标准编号	标准名称	发布日期	实施日期
国标				
1	GB 50437—2007（局部修订）	城镇老年人设施规划规范	2018/12/27	2019/5/1
2	GB/T 51339—2018	非煤矿山采矿术语标准	2018/11/8	2019/5/1
3	GB 51302—2018	架空绝缘配电线路设计标准	2018/11/8	2019/5/1

续表

序号	标准编号	标准名称	发布日期	实施日期
4	GB/T 51338—2018	分布式电源并网工程调试与验收标准	2018/11/8	2019/5/1
5	GB 50168—2018	电气装置安装工程 电缆线路施工及验收标准	2018/11/8	2019/5/1
6	GB 50170—2018	电气装置安装工程 旋转电机施工及验收标准	2018/11/8	2019/5/1
7	GB/T 51340—2018	核电站钢板混凝土结构技术标准	2018/11/8	2019/5/1
8	GB/T 51301—2018	建筑信息模型设计交付标准	2018/12/26	2019/6/1
9	GB/T 51341—2018	微电网工程设计标准	2018/12/26	2019/6/1
10	GB/T 50297—2018	电力工程基本术语标准	2018/12/26	2019/6/1
行标				
1	CJJ/T 288—2018	城市轨道交通架空接触网技术标准	2018/12/27	2019/5/1
2	JGJ/T 467—2018	装配式整体卫生间应用技术标准	2018/12/27	2019/5/1
3	CJJ/T 289—2018	城市轨道交通隧道结构养护技术标准	2018/12/18	2019/5/1
4	JGJ/T 440—2018	住宅新风系统技术标准	2018/12/18	2019/5/1
5	CJJ 274—2018	城镇环境卫生设施除臭技术标准	2018/12/18	2019/5/1
6	JGJ/T 443—2018	再生混凝土结构技术标准	2018/12/18	2019/5/1
7	JGJ/T 447—2018	烧结保温砌块应用技术标准	2018/12/18	2019/5/1
8	JGJ/T 40—2019	疗养院建筑设计标准	2019/3/27	2019/6/1
9	JGJ/T 69—2019	地基旁压试验技术标准	2019/3/27	2019/6/1
10	JGJ/T 454—2019	智能建筑工程质量检测标准	2019/3/27	2019/6/1
11	JGJ/T 413—2019	玻璃幕墙粘结可靠性检测评估技术标准	2019/3/27	2019/6/1
12	JGJ/T 453—2019	金属面夹芯板应用技术标准	2019/3/27	2019/6/1
13	JGJ 459—2019	整体爬升钢平台模架技术标准	2019/2/1	2019/6/1
14	JGJ 459—2019	整体爬升钢平台模架技术标准	2019/2/1	2019/6/1
15	JGJ/T 439—2018	碱矿渣混凝土应用技术标准	2018/12/6	2019/6/1
16	JGJ/T 195—2018	液压爬升模板工程技术标准	2018/12/6	2019/6/1
17	JGJ/T 448—2018	建筑工程设计信息模型制图标准	2018/12/6	2019/6/1
18	JGJ/T 404—2018	既有建筑地基可靠性鉴定标准	2018/12/6	2019/6/1
19	CJJ/T 285—2018	一体化预制泵站工程技术标准	2018/12/6	2019/6/1
20	JGJ/T 419—2018	长螺旋钻孔压灌桩技术标准	2018/12/6	2019/6/1
21	JGJ/T 455—2018	住宅排气管道系统工程技术标准	2018/12/6	2019/6/1
产品行标				
1	CJ/T 533—2018	城市轨道交通车辆车体技术条件	2018/11/16	2019/5/1
2	CJ/T 111—2018	卡套式铜制管接头	2018/11/16	2019/5/1
3	CJ/T 110—2018	承插式管接头	2018/11/16	2019/5/1
4	CJ/T 24—2018	园林绿化木本苗	2018/11/16	2019/5/1
5	CJ/T 179—2018	自力式流量控制阀	2018/11/16	2019/5/1
6	CJ/T 25—2018	供热用手动流量调节阀	2018/11/16	2019/5/1
7	JG/T 547—2018	风光互补路灯装置	2018/11/16	2019/5/1

本期焦点

全过程工程咨询服务

2019 年 3 月 28 日，国家发展改革委联合住房城乡建设部发布《国家发展改革委住房城乡建设部关于推进全过程工程咨询服务的指导意见》（发改投资规〔2019〕515 号）监理行业可以乘势积极推进监理行业的发展。相比投资咨询、勘察设计、招标、采购等行业，监理行业有很多优势。

一是政策优势。我们有 19 号文；试点指导意见——以设计、监理为主导，监理转型升级创新发展指导意见对监理发展的行业布局（实际是战略布局）；515 号文等。

二是理论优势。监理制度创建之初即是业主方全过程、全方位的项目管理，本质就是当下的全过程项目管理（当初监理范围就是前期和实施两个阶段）。

三是实践优势。监理自产生以来，承担过很多项目的管理工作（当初试点项目全是项目管理工作，如丁士昭教授负责的试点项目——中国人民银行上海分行及很多工业项目），具有丰富的实践经验。

四是制度优势。工程监理制有建筑法为基础，在实施阶段（515 号文中的工程建设环节）推行的制度，可以发展监理在设计和施工阶段的工作内容。

五是队伍优势。监理有 107 万人从事工程管理，其中 60% 从事工程咨询工作，队伍中不乏优秀的监理单位正在从事全过程工程咨询。

六是实践的先锋优势。当下许多重大项目全过程工程咨询是监理单位承担，是国家推进全过程工程咨询的急先锋和咨询业发展的领头羊。

七是组织领导的优势。住建部建筑市场管理司、监理处领导工程建设环节的全过程工程咨询工作，在政策制定、各种范本制定和规范制定都有先导和引领优势。

八是监理行业转型升级急迫性的优势。监理当下还是遇到很多困难，人均年营业收入只有 16 万左右，有急迫的发展诉求，是所有 7 类咨询单位中最迫切的。

监理行业应该积极思考和行动，积极投入新一轮（高质量）发展的洪流之中。在关注政府，对政府诉求的强制监理工作之外，更要关注市场、业主的诉求，这是监理企业未来发展的根本，全过程工程咨询给监理行业发展提供了广阔的空间，一定要抓住机遇、大胆实践，在新时代丰富和完善工程监理制度。

——监理大师 杨卫东

聚焦推进全过程工程咨询服务指导意见的启示

修璐
中国建设监理协会

改革开放不断推动我国工程咨询业创新发展。2016年，中共中央、国务院下发了《中共中央国务院关于深化投融资体制改革的意见》（中发〔2016〕18号），提出了深化固定资产投资体制改革的历史任务。2017年，国务院办公厅下发了《国务院办公厅关于促进建筑业持续健康发展的意见》（国办发〔2017〕19号），提出了深化工程建设管理体制改革，完善和推进工程咨询服务组织模式创新发展，努力培育和发展包括投资、勘察、设计、监理、招投标、造价等全过程工程咨询服务的改革目标。近两年来，在两个文件精神推动下，全过程工程咨询服务引起了工程咨询行业广泛的关注，成为咨询企业战略转型发展的热点和焦点问题，并推动着工程咨询企业转型升级发展的不断实践。探索中，咨询企业对于全过程工程咨询服务的基本概念与内涵，转型升级的必要性、可行性，以及实践中遇到的具体问题展开了热烈的讨论，各抒己见，提出了不同的观点和意见。2019年3月28日，国家发展改革委联合住房城乡建设部发布《国家发展改革委住房城乡建设部关于推进全过程工程咨询服务的指导意见》（发改投资规〔2019〕515号，以下简称《指导意见》），提出了具体贯彻落实中央和国务院文件精神，完善和推进全过程工程咨询服务发展的指导意见和实施办法。这标志着经过两年来的探索和实践，我国工程咨询服务已经全面跨入了全过程工程咨询服务发展的新阶段。因此，认真学习和研究《指导意见》，深入挖掘和理解其精神实质，准确解读其内涵与价值，探讨转型升级实现的途径，总结实践过程中的经验与教训是非常必要的。笔者下面将就完善和推进全过程工程咨询服务的重要意义，全过程工程咨询服务的基本概念与内涵，以及指导意见在完善和推进全过程工程咨询服务中给出的重要启示3个问题进行讨论和解读。

一、完善和推进全过程工程咨询服务的重要历史和现实意义

笔者认为，在我国改革开放40年，工程建设取得辉煌成就的今天，国家提出完善和推进全过程工程咨询服务组织模式，对工程咨询服务行业来说，具有重要的历史意义和现实意义。这是工程咨询服务行业可持续发展具有里程碑意义的转折点。客观上，也是对工程咨询服务行业，在改革开放过程中取得的巨大进步与发展，所作出的最好的评价与肯定。同时这也是推动工程咨询服务行业与时俱进发展，实现质的跨越所采取的必然举措，是非常必要而且可行的。其重要意义体现在以下几方面：

（一）完善和推进全过程工程咨询服务组织模式是落实国家供给侧结构性调整和深化工程咨询服务管理制度改革取得的重要成果。

目前，我国已经全面进入了习近平新时代中国特色社会主义思想发展时期。在党的十八大、十九大精神指引下，如何深化工程咨询服务管理制度改革，完成供给侧结构性调整，破除政策性和制度性障碍，创新工程咨询服务组织模式，提供高质量产品和服务，是工程咨询服务行业发展面临的主要问题。《指导意见》指出，改革开放40年来，我国工程建设取得了巨大的发展，工程咨询服务市场得到了快速发展，逐步形成了投资咨询、招标代理、勘察、设计、监理、造价、项目管理等专业化的咨询服务体系，促进了我国工程咨询服务专业化

水平提升，为我国工程建设作出了巨大贡献。但随着我国工程建设进入高质量发展新阶段，项目建设技术与水平逐步提高，之前相对独立、碎片化、单项的工程咨询服务组织模式已经满足不了市场高质量，高效益、低成本的新需要。同时满足不了政府部门对工程质量管理的新要求，制约了工程咨询服务行业在新时期的进一步发展。完善和推进全过程工程咨询服务组织模式的重要意义体现在这将促进工程咨询服务发生质的变化，使工程咨询服务由先前专业单一、相互分割、相互独立的碎片式服务模式转变成为专业综合、信息集成、全过程统筹的一体化的全过程工程咨询服务模式。实践证明，突破瓶颈束缚，创新发展工程咨询服务组织模式已经成为行业发展的必然要求。

（二）完善和推进全过程工程咨询服务组织模式，是大力发展以市场需求为导向，满足市场对高质量工程咨询一体化服务需求的必然举措。

现阶段工程咨询服务市场对固定资产投资项目决策、工程建设、项目运营全过程一体化、集成化、信息化的咨询服务需求日益增强。这种新需求与之前碎片式、单一专业化供给模式之间的结构性矛盾日益突出。不解决服务模式的转变，就满足不了新需求对服务产品本质变化的需要。因此，完善工程咨询服务组织模式就是解决供需新矛盾改革的具体措施，其根本目的就是根据市场导向和需求，促进工程咨询服务方式与时俱进，达到提升服务产品质量，提高投资、建设和运营效益和效率的目的。实现在工程建设全过程平台上，统筹控制投资和工程建设的质量、进度和效益。

（三）完善和推进全过程工程咨询服务组织模式是咨询服务行业落实国家“一带一路”发展战略的具体举措和开拓国际市场的重要能力保障。

在工程建设领域，我国工程咨询服务行业要落实国家“一带一路”发展战略，逐步走出国门，开拓和进入国际市场。目前最大障碍就是工程咨询服务方式和服务标准满足不了国际市场的需要，影响工程咨询企业在国际工程建设市场的发展。开拓国际工程咨询服务市场，咨询企业需要具备满足国际市场需求的服务方式、服务标准和服务能力。当前全过程工程咨询服务是国际上通用的组织模式之一，是国内企业在国际市场竞争必须具备的服务方式和服务能力。因此，完善和推进全过程工程咨询服务组织模式，培育全过程工程咨询服务企业，是落实国家“一带一路”倡议发展进程中，国家赋予工程咨询服务行业的重要历史责任。工程咨询服务企业责无旁贷，必须勇敢地承担起这一历史重任。

二、全过程工程咨询服务的基本概念与内涵分析

关于全过程工程咨询服务的概念和内涵是近年来勘察设计、监理、造价、招投标代理等咨询服务企业，在战略转型实践中一直探索和研究的问题。实践中有着不同的理解，产了不同的认识和观点。尤其是如何借鉴国际惯例，并结合中国工程建设实际需要，确定符合中国工程建设需要的全过程工程咨询服务的概念与内涵，一直是企业争论的热点问题。这次《指导意见》的下发，在广泛征求意见，求同存异基础上，原则上统一了意见，基本确定了现阶段全过程工程咨询服务的概念和主要内涵。因此，咨询企业关于基本概念和内涵问题的讨论可暂时告一段落，没有再讨论的必要了。笔者认为，虽然《指导意见》没有在文字上直接定义基本概念，但按文件精神分析，也能间接地判断出其基本概念。经分析理解，严格地讲全过程工程咨询服务应该是工程全生命周期的经济、技术、管理和相关内容的咨询服务。按照文件的划分，工程全生命周期咨询服务又可分为3个相互联系又具有独立特点的投资决策阶段综合性咨询服务、工程建设实施阶段全过程工程咨询服务和项目运营阶段的保障咨询服务。《指导意见》指出，投资决策阶段综合性咨询主要包括投资项目的市场、技术、经济、生态环境、能源、资源、安全等影响可行性的要素，结合国家、地区、行业发展规划及相关重大专项建设规划、产业政策、技术标准及相关审批要求进行分析研究和论证，为投资者提供决策依据和建议。此阶段主要以投资、

金融、资源环境为咨询服务主要内容与特点。工程建设实施阶段全过程咨询是以工程建设环节为重点推进全过程工程咨询服务，包括招标代理、勘察、设计、监理、造价、项目管理等咨询服务，满足建设单位一体化服务需求，增强工程建设过程的协同性。在工程建设全过程平台上，统一控制工程质量、进度和效益。此阶段主要以工程建设实施、工程技术和管理为咨询服务主要内容与特点。《指导意见》同时指出，全过程咨询单位应当以工程质量和安全为前提，帮助建设单位保证工程质量，提高建设效率，节约建设资金。笔者同时认为，全过程工程咨询服务不仅仅是各项单项咨询服务简单机械的组合，更重要的是在工程建设全过程更高级平台上统一筹划、建设、管理工程项目，控制工程质量、进度和成本，提高咨询服务品质、效益和效率。

三、完善和推进全过程工程咨询服务，指导意见给出的重要启示

笔者认为，学习贯彻落实《指导意见》，不能只简单机械理解字面词句，更重要的是要充分认识其精神实质和背景条件，要结合企业实际情况进行深入的思考和分析，才能作出正确的判断。因此，正确理解和认识《指导意见》给咨询服务企业未来发展带来的启示是十分重要和必要的。

重要启示 1：

《指导意见》和企业转型升级实践经验告诉我们，全过程工程咨询服务是一种工程咨询服务组织模式，而不简单的是一种特定的企业类型。它的重要意义体现在未来工程咨询服务要以这种组织模式组织工程咨询服务的实施，实现了服务模式的根本性转变。而不仅仅体现在简单地培育几个全过程工程咨询服务企业。根据国内外经验，真正能独立完成项目全生命周期咨询服务的企业是非常有限的，尤其是从事单一民用建筑和市政基础设施咨询服务企业，要转变成为全过程工程咨询服务企业是非常困难的，成本也是非常高的。因此，工程咨询企业在转型升级过程中，大多数企业思考问题的重点和主要出发点应该是放在如何以全过程工程咨询服务组织模式开展咨询服务业务方面，而不是以单纯追求转型成为特定的全过程工程咨询服务企业为出发点。毕竟，全过程工程咨询服务并不是全过程工程咨询服务企业独属专利，工程咨询服务企业开展全过程工程咨询服务实现的途径是多种多样的。对此问题《指导意见》指出，鼓励工程咨询企业，采取联合经营、并购重组等方式开展全过程工程咨询服务。工程建设全过程咨询服务可以由一家具有综合能力的咨询单位实施，也可由多家具有招标代理、勘察、设计、监理、造价、项目管理等不同能力的咨询单位联合实施。由多家咨询单位联合实施的，应当明确牵头单位及各单位的权利、义务和责任。

重要启示 2：

《指导意见》明确指出，在民用建筑和市政基础设施领域推进全过程工程咨询服务，而没有提到在工业工程和大型土木工程推进全过程工程咨询服务。笔者认为，这是因为民用建筑和市政基础设施工程咨询服务领域是市场份额最大，市场化水平最高，行业技术保护最弱，专业化、碎片化服务特点最突出，涉及工程咨询企业最多的领域。因此是完善和推进工程咨询服务组织模式改革的重点领域。工业工程和大型土木工程具有以工艺和成套设备为核心，行业特点与边界清楚，专业技术特点鲜明，技术壁垒保护性强，工程建设全生命周期各阶段联系紧密，标准、管理、采购统一系统性强的特点。在工程建设中，国内外主要采用的是工程总承包项目组织模式，而不是全过程工程咨询服务组织模式。工程总承包项目组织模式，企业载体主要是工程公司。而全过程工程咨询服务组织模式，企业载体主要是工程咨询服务企业。因此，指导意见明确了目前只在民用建筑和市政基础设施领域完善和推进全过程工程咨询服务。

重要启示 3：

进入全过程工程咨询服务阶段，预示着未来工程咨询服务企业类型结构一定是多层次、多种类型，综合与专业相结合，功能与能力互补的企业类型结构。《指导意见》明确指出，鼓励多种形式全过程工程咨询服务模式。除投资决策综合性咨询和工程建设

全过程咨询外，咨询单位可以根据市场需求，从投资决策、工程建设、运营等项目全生命周期角度，开展跨阶段咨询服务组合或同一阶段内不同类型咨询服务组合。鼓励和支持咨询单位创新全过程工程咨询服务模式，为投资者或建设单位提供多样化的全过程工程咨询服务模式。这说明完善和推进全过程工程咨询服务，内容既可以是提供跨阶段覆盖建设项目全生命周期的咨询服务，也可以是提供单一阶段的全过程工程咨询服务，同时也不排除提供单项专业咨询服务和提供多种不同类型的咨询服务。那么也就明确了，未来工程咨询服务能力和企业类型，既可以是具有提供全生命周期全过程工程咨询服务综合能力的企业，也可以是具有提供单一阶段全过程咨询服务阶段性综合能力的企业，还可以是提供单一专业咨询服务和多种不同类型咨询服务的企业。企业根据在工程咨询服务市场定位不同，其服务内容与能力将有所不同。市场需求结构决定企业类型结构，这预示着未来工程咨询服务企业类型一定是多元化、多种类型、各具特点、功能互补的结构体系。企业需要根据自身的特点和实际情况，科学确定市场位置和企业类型，这是企业在转型升级过程中面对的最重要的决策问题之一。

重要启示4：

开展全过程工程咨询服务的企业需要具有相应的人力资源、服务能力、组织机构和社会诚信，同时要具有利用、组织、统筹和协调管理社会和市场资源的能力。《指导意见》指出，全过程工程咨询单位应当在技术、经济、管理、法律等方面具有丰富经验，与全过程工程咨询业务相适应的服务能力，以及良好的信誉。全过程工程咨询单位应当建立与其咨询业务相适应的专业部门及组织机构，配备结构合理的专业咨询人员，提升核心竞争力，培育综合性多元化服务及系统性一站式整合服务能力。同时鼓励多种形式全过程工程咨询服务模式。这实际上告诉我们，对于准备转型成为提供全生命周期或阶段性全过程咨询服务的企业必须实现企业本质性的改变，由具有提供单一专业咨询服务能力的企业转变成为具有提供全过程工程咨询服务综合能力的企业。企业在人力资源构成、资金的筹措、组织机构构建、企业管理模式等方方面面都需要调整，转型成本较大，时间较长。对于准备仍然保持提供单一专业咨询服务企业性质，但又想以全过程工程咨询服务模式提供服务的企业，企业必须提升自身在统筹和组织管理社会资源，共同协调合作的能力，这是一项全新的挑战。当然企业也可以根据市场需要，扩展成为能够提供多种单一专业咨询服务的企业，以达到扩展咨询服务市场业务范围的目的。从国内外工程咨询服务业发展实际情况来看，能够独立提供工程全生命周期全部咨询服务的企业并不多，大量的还是提供部分阶段综合性咨询服务的企业和提供多种单一专业咨询服务的企业。笔者认为，在转型升级过程中，对于勘察设计行业来说，未来行业的主体应该还是从事勘察设计专业咨询服务的企业，行业的骨干将是从事全生命周期或工程建设实施阶段全过程咨询服务的企业。对于监理行业来说，未来行业的主体应该还是从事施工阶段监理和项目管理的企业，或者是从事多种单一专业咨询服务的企业，行业的骨干将是从事工程建设实施阶段全过程工程咨询服务的企业。

重要启示5：

完善和推进全过程工程咨询的重点，是要实现投资决策阶段和工程建设实施阶段整合和突破。《指导意见》指出，破解工程咨询市场供需矛盾，必须创新咨询服务组织实施方式，特别是要遵循项目周期规律和建设程序的客观要求，在项目决策和建设实施两个阶段，着力破除制度性障碍。重点培育发展投资决策综合性咨询和工程建设全过程咨询，以投资决策综合性咨询促进投资决策科学化，以全过程工程咨询推动完善工程建设一体化组织模式。笔者认为，这是在完善和推进全过程工程咨询实施方案中，指导意见明确的两个重要的切入点和关键环节。这为推进全过程工程咨询服务指明了发展方向和实施路径。投资决策咨询与工程建设全过程咨询是工程项目全生命周期咨询服务最重要的两个组成部分，对工程质量、安全和经济效益影响很大。投资决策阶段主要以投资、经济和市场分析为主要咨询服务重点和工作目标。工程建设实施阶段主要以工程技术与管理为主要咨询服务重点和工作目标。同时笔者认为，对于勘察设计、监理、造价、招投标代理和施工图审查等传统咨询企业，准备转型成为提供全过程工程咨询服务的企业，近期切实可行的目标应该是定位在转变成为提供工程建设实施阶段全过程咨询服务的企业。因为这一阶段，各单项专业咨询服务内容关联度高，技术、管理目标相同（同属工程建设实施），专业理论和知识相近（都属于工程学范围），人力资源能力相近。经过努力，短期内容易取得进展和成果。远期目标，有条件的企业可以逐步向投资决策阶段扩展。尤其是监理行业，企业转型第一步实现目标应该是向施工阶段项目管理企业转型，第二步实现目标才是向工程建设实施阶段全过程咨询服务企业转型。

重要启示 6：

完善和推进全过程工程咨询，企业管理体系与标准、信息化应用水平和核心竞争能力是企业转型升级三大核心要素和重要标志。《指导意见》指出，完善和推进全过程咨询服务，咨询单位要建立全过程工程咨询服务管理体系，要建立自身的服务技术标准、管理标准，不断完善质量管理体系、职业健康安全和环境管理体系，通过积累咨询服务实践经验，建立具有自身特色的全过程工程咨询服务管理体系及标准。企业要大力开发和利用建筑信息模型（BIM）、大数据、物联网等现代信息技术和资源，努力提高信息化管理与应用水平，为开展全过程工程咨询业务提供技术保障。从中我们可以体会到，企业管理体系和标准，信息化、网络化和智能化应用水平，以及核心竞争能力是全过程工程咨询服务企业必需具备的核心要素。笔者认为，没有管理体系和标准的现代化，没有信息化、网络化和智能化作技术保障，企业全过程工程咨询转型升级就不能实现。没有核心竞争能力，企业转型升级发展就没有基础和动力。从两年来积累的企业转型升级经验来看，从勘察设计企业转型成为全过程工程咨询服务的企业，其核心竞争能力是工程技术与工程设计。从监理企业转型成为全过程工程咨询服务的企业，其核心竞争能力是工程监理与项目管理。

重要启示 7：

一直以来，影响全过程咨询开展的重要制度障碍之一就是收费依据、收费标准和收取方式问题。这次指导意见在这方面取得了重要突破。《指导意见》指出，全过程工程咨询服务酬金可在项目投资中列支，也可根据所包含的具体服务事项，通过项目投资中列支的投资咨询、招标代理、勘察、设计、监理、造价、项目管理等费用进行支付。全过程工程咨询服务酬金在项目投资中列支的，所对应的单项咨询服务费用不再列支。投资者或建设单位应当根据工程项目的规模和复杂程度，咨询服务的范围、内容和期限等与咨询单位确定服务酬金。全过程工程咨询服务酬金可按各专项服务酬金叠加后再增加相应统筹管理费用计取，也可按人工成本加酬金方式计取。《指导意见》给我们的启示是，在收费法律依据方面有了重要突破，首次明确了全过程工程咨询可以在项目投资中列支，之前一直严重阻碍全过程工程咨询服务的实施与发展的收费法律依据瓶颈已被打破。在收费方式方面，《指导意见》明确了收费既可按全过程咨询服务内容中各单项咨询服务费方式收取，也可按整体全过程工程咨询服务费方式收取，但不可重复收取，收费方式可作选择。在收取标准方面，《指导意见》明确了既可按“人工成本 + 酬金”的方式计价，也可按“专项服务酬金叠加 + 统筹管理费”方式收取，表明既可按人工服务费方式收取，也可按项目服务费方式收取。在具体收费方面，《指导意见》明确了由建设单位和咨询服务方根据工程项目的规模和复杂程度，咨询服务的范围、内容协商解决。总体来看《指导意见》在全过程咨询服务收费方面取得了重大进步，但在具体执行方面还有许多复杂的操作问题需要解决。如先前政府制定的咨询服务收费管理制度和标准已经被废止，市场化的管理制度和标准还未建立。在市场化的过程中，目前企业诚信体系和优质优价市场管理体系还没有真正得到认知和建立，这影响着全过程工程咨询收费的具体落实。笔者认为，没有合理的收费作保障，就没有全过程工程咨询服务组织模式未来发展的空间。因此，在收费管理制度建设方面，需要我们不断地努力。

（转发自《中国勘察设计杂志》2019 年 5 月刊）

认清形势，创新发展，推动监理行业迈向新征程

——在监理企业开展全过程工程咨询创新发展交流活动上的总结发言

王学军
中国建设监理协会副会长兼秘书长

同志们：

在繁花似锦，绿荫如海的仲夏五月，我们相聚在“景物自成诗”的巢湖边，共同探讨监理企业如何加强管理创新和开展全过程工程咨询业务。这次活动中国建设监理协会领导高度重视，王早生会长参加活动并作了专题报告，对监理行业发展、监理作用发挥给予了充分肯定，对监理行业在发展中遇到和存在的问题进行了剖析，对未来监理行业发展提出了希望和要求。我们要认真学习领会领导的讲话精神，运用到实际工作中去。

2017 年，《住房城乡建设部关于促进工程监理行业转型升级创新发展的意见》（建市〔2017〕145 号）提出，鼓励监理企业在立足施工阶段监理的基础上，向“上下游”拓展服务领域。鼓励大型监理企业跨行业、跨地区联合经营、并购重组发展全过程工程咨询。今年，国家发展改革委、住房城乡建设部联合印发《关于推进全过程工程咨询服务发展的指导意见》（发改投资规〔2019〕515 号，以下简称《指导意见》），从鼓励发展多种形式全过程工程咨询、重点培育全过程工程咨询模式、优化市场环境、强化保障措施等方面提出一系列政策措施。明确在房屋建筑和市政基础设施领域，以项目决策和建设实施两个阶段为着力点，重点培育发展投资决策综合性咨询和工程建设全过程咨询。明确工程建设全过程咨询服务应当由一家具有综合能力的咨询单位实施，也可由多家具有招标代理、勘察、设计、监理、造价、项目管理等不同能力的咨询单位联合实施。此外，《指导意见》对工程咨询分类和取费作出了规定，消除了大家对咨询服务费用的疑惑。以上两个文件是我们开展全过程工程咨询业务的依据，我们需要认真研读，在工程咨询服务实践中去落实。

上海建科、浙江五洲、广东珠江、晨越监管、河北冀科、重庆兴宇、永明管理、河南长城、海南新世纪 9 家企业负责人结合各自创新发展管理经验，分别介绍了他们开展全过程工程咨询，加强信息化建设与应用，运用 BIM、无人机等提高项目管理和监理工作水平，接受政府购买服务开展安全巡查工作，创新人才培养管理机制，发挥人才作用，开展技术创新，加强标准化管理，开展装配式建筑应用、开展工程总承包，加强党的组织建设、发挥党员作用等经验做法，成果显著，具有很好的借鉴作用。因时间关系，还有 19 家监理企业的经验做法未能在活动中交流，希望大家认真阅读交流资料选编，从中吸取营养，走出一条人才为基础，信息化为手段，将移动互联网、大数据、人工智能与工程咨询和工程监管相结合工程咨询服务的道路。

这次交流活动，适应了市场经济条件下监理企业改革发展的需要，探索了监理企业未来经营发展的方向，拓宽了企业领导人经营视野。如何在主营监理业务的基础上开展全过程工程咨询，需要我们共同结合市场环境和经验做法进行研究探索。借此机会谈几点个人思考，提点希望，供大家参考：

一、看清形势，找准定位，正确认识监理企业开展全过程工程咨询的意义

全过程工程咨询从国家政策层面上来说，主

要是在供给侧结构调整的背景之下提出来的，是建筑业组织模式诸多改革之一，推进全过程工程咨询服务工作，是部分工程咨询类企业升级发展的需求，是建筑业供给侧改革、高质量发展以及国际化发展的需要。目的是完善工程建设组织模式，培养具有国际竞争力的咨询企业，适应建筑业组织模式变更和“一带一路”建设的需要。工程建设全过程工程咨询，不同于工程建设项目管理，也不同于工程监理，是技术咨询和管理咨询综合体，它是一种更科学的项目管理组织模式，其优点是整合了过去碎片化管理，有利于降低管理成本、提高工作效率，提高服务质量。

监理企业通过向上下游拓展业务，开展全过程工程咨询服务可以有力地促进企业服务能力的提高，化解行业发展中存在的部分矛盾，同时一部分企业开展全过程工程咨询后可以促进监理企业的差异化发展，使有能力的监理企业有更大的发展空间，有更大的作为。

下一步，中国建设监理协会将进一步关注全过程工程咨询工作的进展情况，适时开展调研，继续了解推进全过程工程咨询服务中遇到的困难和问题，及时向政府主管部门提出政策建议，计划下半年组织工程监理与工程咨询经验交流会，希望在座的各位企业领导，认真总结开展全过程工程咨询工作的做法和经验，在下半年交流时与大家共享。

二、明确方向，凝聚共识，再创监理发展新辉煌

刚才谈到了监理企业开展全过程工程咨询有关事项，但是这并不是说所有的监理企业都“一窝蜂”去作全过程工程咨询。受人才、技术、经济实力等因素制约，我们绝大部分监理企业现阶段依然要立足施工阶段监理，要练好内功，根据自身条件，脚踏实地地做好工程监理工作。《国务院办公厅关于促进建筑业持续健康发展的意见》（国办发〔2017〕19号）和《住房城乡建设部关于促进工程监理行业转型升级创新发展的意见》（建市〔2017〕145号）已经为我们指出了发展的方向。该文件中提出，逐步形成以市场化为基础，国际化为方向，信息化为支撑的工程监理服务市场体系。形成以主要从事施工现场监理服务的企业为主体，以提供全过程工程咨询服务的综合性企业为骨干，各类工程监理企业分工合理、竞争有序、协调发展的行业布局。在现阶段，绝大部分监理企业还是要立足于监理，做专做优做强，做出品牌，提高市场竞争力。

（一）牢固树立“监理四个自信”

监理经过30年艰辛履职，取得的成绩是有目共睹的，发挥的作用是不可替代的，作为监理人，我们一定要坚持监理制度自信、监理工作自信、监理能力自信和监理发展自信。“监理四个自信”蕴含着我们对行业存在和发展的信念。各地方团体会员要不断加大行业正面宣传，弘扬正能量，让所在地区政府部门和社会了解监理、认知监理，激励监理人自强不息、求真务实的精神，激发监理人爱岗敬业、创新发展做好监理工作的热情和自信。

（二）做好监理基础理论和改革方向研究

要使一项事业不断健康发展，必须要有理论的支撑，我们党和国家高度重视理论研究。我们要运用监理行业专家队伍资源，扎扎实实作一些监理基础理论和改革方向的研究，为监理的下一步发展提供理论支撑。工程监理正处在改革的关键时期，我们要对监理职责、工作标准、监理费用、保障措施、评价标准等做些研究，为政府监理改革提供参考。目标是提高监理地位，明确监理职责，建立监督保障机制，发挥监理作用，稳定监理收入，推进建筑业高质量发展，目的是最大限度减少或杜绝其他工程质量安全事故的发生。目前正在筹备成立监理改革试点专家辅导组，协助政府部门推进监理改革试点工作，希望参加监理改革试点的省市协会，要积极与当地建设主管部门沟通，推动试点工作顺利开展。希望试点企业注重信息化管理，在智能化监理方面加大投入，为监理改革发展起到引领作用。

（三）积极推进标准化建设

监理工作标准化是做好监理工作取得业主满意和政府信任的有效途径。为规范行业管理和提高

监理工作标准化，2019年协会正在开展6个课题研究：其中深化改革完善工程监理制度课题已委托北京市建设监理协会会长李伟牵头负责，其余监理行业标准的编制导则、中国建设监理协会会员信用评估标准、房屋建筑工程监理工作标准、BIM技术在监理工作中的应用、监理工作工（器）具配备标准5个课题分别由河南、湖南、江苏、上海、重庆监理协会会长带领行业专家进行调研。目前，这几个课题都在紧锣密鼓地进行，首先深化改革完善工程监理制度课题在四川、重庆进行调研，监理行业标准的编制导则在郑州开题，然后在湖南对会员信用评估标准课题进行讨论。在此，对辛勤付出的专家们表示感谢。另外，根据监理行业发展需要和2018年课题研究成果情况，由北京市协会会长牵头带领行业专家对部分课题进行转换为团体标准工作，希望大家给予支持。此外，我们将与中国工程建设标准化协会签订战略合作协议，推荐监理企业作为主编单位参加了中国工程建设标准化协会“监理工作评价标准”课题编制工作。

各位代表，今年是新中国成立70周年，是全面建成小康社会，实现第一个百年奋斗目标的关键之年。监理经过30年的实践，依然面临着许多机遇和挑战，我们必须坚持以改革促进步、以科技求发展。我们要准确理解国家的政策导向，把握市场经济发展规律，正确看待行业遇到的机遇和挑战，顺应历史发展潮流，积极应对建筑业改革发展，主动推进工程监理改革和全过程工程咨询工作的开展；同时要以开放的姿态、包容的胸怀，向兄弟单位、兄弟行业学习，吸纳优秀的经验、技术，为行业、企业发展服务。我们要坚定信心，苦练内功，加强人才培养，加大科技投入，提升服务能力和水平，在党的十九大精神指引下，以供给侧结构性改革为主线，不断推进监理行业高质量发展！

这次活动，得到了安徽省住房和城乡建设厅、安徽省建设监理协会以及监理企业的热情服务、大力支持，让我们以热烈的掌声对他们表示感谢！我们在巢湖边共话监理发展，凝聚了共识、增长了才干、收获了友谊，相信大家都获得了不少对行业和企业发展有所裨益的灵感。我代表协会秘书处向大家的热情参与表示感谢。最后，祝各位工作顺利、身体健康！谢谢大家！

关于监理如何解决、控制工程索赔中签证单存在的一些问题

杨小清
太原理工大成工程有限公司

一、监理工程师处理工程索赔的困难原因分析

（一）监理自身业务水平和对投资控制重视程度不够

由于现在监理单位市场利润比较低，造成监理行业综合素质全面的人员比较匮乏，往往聘用人员专业比较单一，缺乏懂得工程造价与合同知识的人才。

另一个原因就是监理单位往往注重工程质量与安全，因为这两个环节是不能出现任何重大工程事故的，对投资控制方面不是很重视，这是一种普遍存在的行业现象。

（二）建设单位的干预使监理工程师的职责受到限制

由于建设单位往往对建筑工程行业知识不是特别了解，监理三控、两管、一协调之间其实是紧密联系、相互配合互为条件的。在投资控制方面对监理单位存在不信任感，不愿将投资控制的权利赋予监理工程师，使监理工程师不能发挥应有的职能，利用投资控制的权限来更好地约束施工单位对质量、进度、安全的控制，而且会增加索赔的可能性。

（三）建设项目的监理不能贯穿整个工程的全过程

造成工程索赔的原因很多，不仅仅是施工阶段，比如工程前期决策阶段、设计阶段、合同阶段由于考虑不合理、不周到、设计不完善也会对工程后期造成索赔，建设单位全过程监理咨询很少。造成监理在施工阶段，边开展监理工作，边熟悉前期情况。对工程的具体实施方案没有深入的了解，工作比较被动，发生此类索赔时，处理起比较困难而且不能及时、高效地处理。

二、针对一些施工单位存在的不合理索赔发生签证结合事实监理单位应注意事项进行探讨

对于造价人员来说经常在审核签证单时，对签证的内容不是太理解，甚至会产生困惑，这样在咨询当时的现场监理人员时，提出这种单子是不能发生签证的，监理人员的解释往往是，监理只负责签证事实不负责审查发生费用方面的事项。这种回答是不负责的，根本不理解索赔的意义，索赔构成索赔事实才能发生签证。这样严重影响工程价款的结算值。

下面结合事实来总结一下工程当中不应该发生索赔进行签证的行为。

（一）工程开工前对于三通一平范围与概念不明确，施工单位要求签证的不予签证

如：某工程进场后，施工方搭设临建工作，完成后对生活和施工范围内进行通水用 PVC 管道 520m，通电用 YJV-$4\times10m^2$ 电缆 620m，生活区内和施工现场进行场地硬化 $650m^2$，由此发生的费用请监理单位与建设单位予以签证认可。

分析：此费用是不能发生签证的，此费用已经包含在施工单位临时设施费当中。施工单位临时设施费包括施工单位临时宿舍、库房、办公室加工场地范围之内的道路、水电、管线等费用。往往施工单位会据理力争，说此范围属于建设单位三通一平的范围。建设单位三通一平范围只包括建设单位负责将水电接线、管点引至施工现场最近一栋建筑物外墙面 50m 以内，属于通水、通电；施工现场以外道路能够满足施工单位施工机械、工程材料及劳务的运输及进场，属于通路。

（二）关于施工现场垃圾签证的问题类似以下部分不能计取

如：某高层清理楼层垃圾 $220m^3$，施工方将建筑垃圾从楼内清理出楼外，用人工装四轮车运到厂区内建设单位指定的堆放点，运距 1000m，集中堆放后人装自卸汽车外运垃圾，运距 20km。由此发生的费用请监理单位与建设单位予以签证认可。

分析：现场垃圾一般由施工单位清理出楼内堆到场区内建设单位指定的地

点集中堆放，此部分费用已含在施工单位措施费用中的文明施工费内，不能签证计取这部分费用；往场区外运垃圾应属于建设单位的义务，如施工单位将垃圾外运可以计取费用。

（三）一些直接确认工程量的签证单存在质疑

如：某工程施工方室内电缆与室外电缆井连接合同外发生如下工程量，挖土方共计 $150m^3$，用电缆 YJV–4×$10m^2$ 共计 350m。电缆包封用 C30 混凝土共计 $25m^3$，回填土 $125m^3$。由此发生的费用请监理单位与建设单位予以签证认可。

分析：类似此签证施工单位应该附草图说明，用图示尺寸来表示。电缆走向与室外哪个井连接，电缆是否并排，一方面附草图方便今后建设单位检修，另一方面工程量的确认应根据清单或定额计算规则来确认，不应该现场直接签证工程量，这样会影响计算的准确性。

（四）属于图纸范围内的变更、设计的不完善、不明确、不正确的地方不应进行签证。

如：某钢结构工程，施工方在施工时发现 GL2 与混凝土墙交接的地方没有节点示意图，经三方现场确认，施工方在混凝土墙的内外侧预埋 300×500×5 的钢板并用高强螺栓连接，具体连接方式见附图。请建设单位与监理单位予以签证。

分析：此类签证单属于设计缺陷问题，应该由设计单位来复核，并且出具设计变更单，钢结构涉及承重问题，是不能随意擅自变更的，但是工程当中存在很多类似问题，施工单位为了便捷，由于设计方不好沟通或设计方原则性强，就通过现场签证来变通。但是如果是设计方应承担的问题，现场私自办理签证，是会出现工程质量隐患的，出了问题监理单位是承担不起的。

（五）不属于建设单位原因造成的工程索赔不能进行签证

如：某工程精装工程为分包单位发生如下签证，施工方矿棉板吊顶施工完成后，总包单位消防管道漏水，造成施工方矿棉板吊顶 $150m^2$ 被浸泡，施工方将损坏的矿棉板吊顶拆除并重新安装，并将损坏的矿棉板垃圾外运 20km。请建设单位与监理单位予以签证。

分析：这种签证单是由于承包单位与分包单交叉施工，节点交接不完善，总包与分包管理不到位，造成的工程索赔，应该由双方鉴定责任后私下协商解决，不应该由建设单位来承担此费用。

（六）合同外工程需要认价的不能用签证单进行认价

如：某工程施工方外墙工程发生变更由玻化微珠保温变为挤塑板保温，厚度 40mm，由于施工方合同内没有此工程费用，施工方需要外墙保温认价 180 元 /m^2，此费用为工程价，（含抗裂砂浆抹灰及钢丝网片）请建设单位及监理单位确认。

分析：如果合同内没有材料的价格并且没有信息价的，按程序应该多方去市场考察，最终从材料的性能、性价比等方面综合考虑，以认价单或竞争性谈判的方式最终确定价格，多方签字认可。以上外墙工程挤塑板保温属于很常见的材料，有地方信息价，应该根据合同参照地方信息价执行；外墙保温有相关定额项，应该套定额组价，不应该认工程价；外墙保温工程市场价格很透明，此工程认 180 元 /m^2，价格奇高，不符合常规。

（七）土方工程没有弄清楚来龙去脉不应该进行签证

如：某工程，施工方在进行室内房心回填时，现场缺土，所有室内回填土方均为外购土，并且运距 25km。

分析：在建筑工程中土方工程一直是结算时存在歧义比较大的项，并且土方工程如果没有理顺来龙去脉，施工单位钻空子，会产生相当大的费用。应该了解土方基坑开挖时根据原始标高现场挖了多少方土、有多少是可以进行回填的土、有多少是垃圾土不能进行回填利用的，并且挖出的土方用于什么部位、回填后有多少余土外运、有多少是堆放现场的土，这些关系理顺了，监理过程中记录好相关标高资料、土方堆放场地、土方的利用程度，才能判断是否需要土方外购。

三、监理在工程索赔中的可控性与管理建议

（一）监理工作做好日常的事前控制，是减少索赔的重要手段。监理工程师一般都是经验丰富、专业水平较高的技术型人才。可以根据以往工程经验针对工程可能发生的索赔问题进行预见性，与施工单位进行协调、提出建议。能够在某些问题对工程产生额外费用或不良影响前，就把它纠正，从而避免发生索赔。

（二）监理工程师要提高自身综合素质，加强学习，应具备工程造价方面的基本知识、熟悉合同对工程造价方面的要求与条款，能够根据合同条款对工程索赔进行有力的控制，为合理索赔提供依据。

（三）发生合理索赔的事件，监理工程师要做好相关记录，并且要求承包单位在签证单后面附相关照片与现场取证等其他相关资料。使索赔发生能够有充足的依据，做到有据可查、有证可取。

（四）监理工程师在处理索赔时，要做到公平、公正，既不使施工单位的利益受到损害，也不能使建设单位投资失控。

浅谈钢筋机械连接锚固板在工程中的应用

王宗宇
中核（山西）核七院监理有限公司

一、工程概况

公司监理的某军工项目体量较大，结构复杂，建筑抗震设防标准为抗震Ⅰ类，墙柱钢筋密度、钢筋直径、钢筋锚固长度均大于普通民建工程，实际施工过程中发现墙墙相交处锚固钢筋安装困难，施工效率低下，且存在钢筋堆叠在一起，混凝土浇筑困难的问题，对工程施工质量和施工进度造成严重影响。为保证施工质量，同时满足设计和使用功能的要求，经查阅相关规范和资料，并请设计单位进行受力计算后确定可以将机械连接钢筋锚固板应用于此工程中，经各参建单位现场考察后，确定墙墙相交处外侧水平筋沿用旧有做法，采用端头弯折互锚的方法进行锚固，内侧水平筋采用剥肋套丝安装机械连接锚固板的方法，利用钢筋端部锚固板的承压作用和锚固长度范围内钢筋与混凝土的粘结作用共同承担钢筋锚固力。

二、工艺原理

钢筋机械连接锚固板为设置于钢筋端部用于锚固钢筋的承压板，工艺流程为预先在钢筋端部进行直螺纹套丝，通过螺纹连接方式与锚固板连接并达到规范要求的扭矩，实现钢筋机械锚固。

锚固板按照钢筋受力类型分为全锚固板和部分锚固板（全锚固板，全部依靠锚固板承压面的承压作用承担钢筋规定锚固力的锚固板；部分锚固板，依靠锚固长度范围内钢筋与混凝土的粘结作用和锚固板承压面的承压作用共同承担钢筋规定锚固力的锚固板）。

锚固板按照安装形式分为正放锚固板和反放锚固板（正放锚固板，承压面在内，端面在外的锚固板；反放锚固板，承压面在外，端面在内）。

部分钢筋锚固板受力分两个阶段，第一阶段，受力初期阶段，主要靠粘结锚固，直至达到与混凝土的最大结合力，之后逐渐下降。第二阶段，锚固力逐渐由锚固板提供，直至达到钢筋的屈服强度，钢筋拉断或锚固板前端或周围混凝土破坏。

三、操作要点

（一）在安装锚固板前，必须确保钢筋接头处丝扣加工质量符合要求，钢筋端面应平整，端部不得弯曲，不得出现马蹄形，套丝质量和套丝长度必须符合规范要求，钢筋丝头公差带宜满足6f级精度要求，应用专用螺纹量规检验，通规能顺利旋入并达到要求的拧入长度，止规旋入不得超过3p（p为螺距）；抽检数量10%，检验合格率不应小于95%。

（二）钢筋丝头加工应使用水性润滑液，不得使用油性润滑液。

（三）丝头加工完成并检验合格后，应注意对丝扣的保护，不得损坏丝扣，丝扣上不得沾有水泥浆、灰尘等杂物。

（四）确认钢筋丝扣质量合格后即可安装锚固板，安装后应用扭力扳手进行抽检，拧紧力扭矩值不应小于表1中的规定。

（五）安装完成后的钢筋端面应伸出锚固板端面，钢筋丝头外露长度不宜小于1.0p。

四、质量控制

（一）锚固板产品提供单位应提交经技术监督局备案的企业产品标准，对于不等厚或长方形锚固板，尚应提交省部级的产品鉴定证书。

（二）锚固板产品进场时，应检查其锚固板产品的合格证。产品合格证应包括适用钢筋直径、锚固板尺寸、锚固板材料、锚固板类型、生产单位、生产日期，以及可追溯原材料性能和加工质量的生产批号。产品尺寸及公差应符合企业产品标准的要求。合格证中锚固板规格必须和实际进场产品对应。

（三）钢筋锚固板的现场检验应包括工艺检验、抗拉强度检验、螺纹连接锚固板的钢筋丝头加工质量检验、拧紧扭矩检验和外观质量检验。拧紧扭矩检验应在工程实体中进行，工艺检验、抗拉强度检验的试件应在钢筋丝头加工现场抽取。工艺检验、抗拉强度检验和拧紧扭矩检验规定为主控项目，外观质量检验规定为一般项目。钢筋锚固板试件的抗拉强度试验方法应符合《钢筋锚固板应用技术规程》JGJ 256–2011 附录 A 的有关规定。

（四）钢筋锚固板加工与安装工程开始前，应对不同钢筋生产厂的进场钢筋进行钢筋锚固板工艺检验；施工过程中，更换钢筋生产厂商，变更钢筋锚固板参数、形式及变更产品供应商时，应补充进行工艺检验。

工艺检验应符合下列规定：

1. 每种规格的钢筋锚固板试件不应少于 3 根；

2. 每根试件的抗拉强度应不低于钢筋原材抗拉强度标准值；

3. 其中 1 根试件的抗拉强度不合格时，应重取 6 根试件进行复检，复检仍不合格时判为本次工艺检验不合格。

（五）钢筋锚固板的现场检验应按验收批进行。同一施工条件下采用同一批材料的同类型、同规格的钢筋锚固板，螺纹连接锚固板应以 500 个为一个验收批进行检验与验收，不足 500 个也应作为一个验收批。

（六）螺纹连接钢筋锚固板安装后应按《钢筋锚固板应用技术规程》JGJ 256–2011 第 6.0.5 条的验收批，抽取其中 10% 的钢筋锚固板按照《钢筋锚固板应用技术规程》JGJ 256–2011 第 5.2.3 条要求进行拧紧扭矩校核，拧紧扭矩值不合格数超过被校核数的 5% 时，应重新拧紧全部钢筋锚固板，直到合格为止。

（七）对螺纹连接钢筋锚固板的每一验收批，应在加工现场在已装配好的钢筋锚固板中随机抽取 3 个试件作抗拉强度试验，并应按《钢筋锚固板应用技术规程》JGJ 256–2011 第 3.2.3 条的抗拉强度要求进行评定。当 3 个试件的抗拉强度均符合要求时，该验收批评为合格。如有 1 个试件的抗拉强度不符合要求，应再取 6 个试件进行复检。复检中如仍有 1 个试件的抗拉强度不符合要求，则该验收批评为不合格。

（八）螺纹连接钢筋锚固板的现场检验，在连续 10 个验收批抽样试件抗拉强度一次检验合格率为 100% 的条件下，验收批试件数量可扩大 1 倍。当螺纹连接钢筋锚固板的验收批数量少于 200 个时，允许按上述同样方法，随机抽取 2 个钢筋锚固板试件作抗拉强度试验，当 2 个试件的抗拉强度均满足《钢筋锚固板应用技术规程》JGJ 256–2011 第 3.2.3 条的抗拉强度要求时，该验收批应评为合格。若有 1 个试件的抗拉强度不满足要求，应再取 4 个试件进行复检。复检中如仍有 1 个试件的抗拉强度不满足要求，则该验收批评为不合格。

五、效益分析

本工程中，机械连接锚固板取代墙墙相交节点内侧水平筋 90° 弯折端头，节省锚固钢筋 20%；同时避免了墙墙相交节点处钢筋过密，甚至无法安装的情况，应用此技术进行墙水平钢筋绑扎安装，大大提高了钢筋安装的工效，加快了施工进度，锚固质量更易于保证，此技术使墙墙相交节点处混凝土更易于浇筑和振捣，可明显提高混凝土浇筑质量，经济效益和社会效益明显，详见表 2。

参考文献

[1] 钢筋锚固板应用技术规程 JGJ 256–2011.

[2] 钢筋机械锚固技术．中国建筑科学研究院．2014，04．

锚固板安装时的最小拧紧扭矩值 表1

钢筋直径（mm）	≤16	18～20	22～25	28～32	36～40
拧紧扭矩（N·m）	100	200	260	320	360

机械连接锚固板效益对比分析表 表2

序号	项目	传统钢筋锚固	锚固板
1	节约钢筋	锚固长度l_{aE}为35d（直锚加弯锚）	直锚0.6l_{aE}+锚固板
2	缩短工期 提高工效	锚固端先加工好，再进行现场绑扎，操作烦琐，效率低下	直接在钢筋端部丝头上拧紧锚固板，操作简便，提高工效
3	质量稳定性	90°弯折钢筋端头现场加工，机械误差和人为误差累加，质量不稳定	大规模工厂加工，质量稳定
4	混凝土浇筑质量	墙墙相交节点处锚固钢筋较密	墙墙相交节点锚固钢筋间距较大
		墙墙相交节点处混凝土浇筑困难，不易振捣	墙墙相交节点处混凝土易浇筑、振捣
		墙墙相交节点处混凝土质量不易保证	墙墙相交节点处混凝土质量容易保证

住宅工程隔墙开裂机理分析及预控措施

刘佳庆
北京方圆工程监理有限公司

引言

目前住宅工程常用隔墙材料有砌块、预制墙板、现制混凝土等，隔墙自身出现裂缝、隔墙与主体结构之间出现裂缝是比较普遍的问题，影响住宅装修观感质量，用户投诉比较多。但也不是所有隔墙都发生裂缝，这说明裂缝还是可以控制的。本文拟对目前北京地区住宅工程中应用最广泛的轻集料混凝土空心砌块隔墙及轻质预制隔墙板的开裂原因及预控措施作一初步探讨。

一、轻集料混凝土空心砌块隔墙的裂缝发生机理分析及预控措施

（一）常用轻集料混凝土空心砌块隔墙做法

1. 材料：以高炉水渣、炉渣、粉煤灰、水泥、石屑等制成的轻集料空心砌块（抗压强度内墙不小于 3.5MPa，外墙不小于 5MPa），干拌砌筑砂浆，普通混凝土，热轧钢筋。

2. 构造要求：按墙高选用砌块厚度设置水平系梁，按墙长设置芯柱或构造柱，竖向与主体结构硬连接，水平方向按抗震要求应采用柔性连接，填充墙与主体结构之间留缝隙并填充软质材料。

3. 根据《砌体结构设计规范》GB 50003-2011 砌体的弹性模量为 1965~1425MPa，线膨胀系数为 0.00001/℃，收缩率为 0.3mm/m，混凝土的弹性模量为 30000~32500MPa（C30~C40 混凝土），线膨胀系数为 0.00001/℃。

（二）轻集料混凝土空心砌块隔墙裂缝类型

1. 主体结构变形引起的隔墙裂缝，主体结构为框架体系的情况下较易由于地基梁、框架梁的下挠引起的隔墙裂缝，裂缝类型有墙体两侧踏步型裂缝、墙体中下部竖向裂缝，典型情况如图 1、图 2 所示。

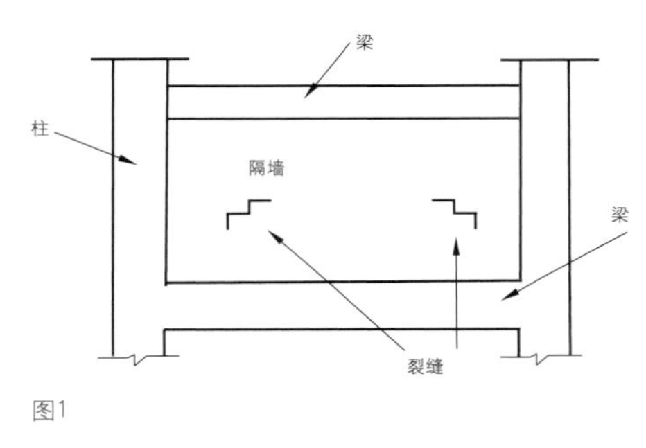

图1

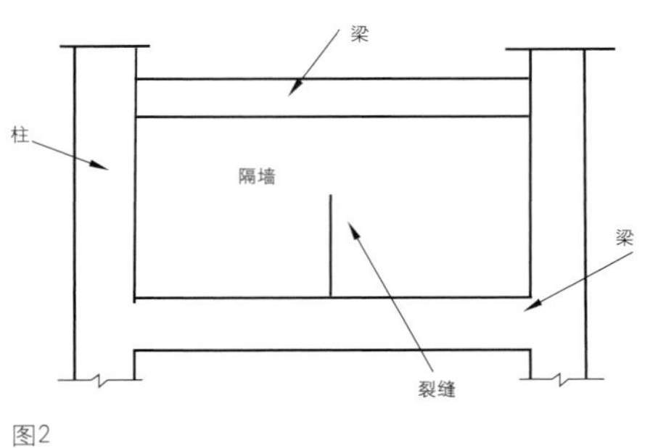

图2

2. 隔墙与主体结构连接处开裂，很多人认为这是由于主体结构与隔墙两种材料收缩不一致造成的，其实还有一个原因是隔墙和主体结构不是同时施工。该种裂缝以主体结构竖向构件与隔墙之间发生为主，也有在梁或板底出现裂缝的，用砌体封堵剪力墙上的施工洞发生的裂缝也属于这种类型。

3. 分布不规则的裂缝，如电配管不通重新开槽配管部位开裂，门洞角部开裂等。

（三）轻集料混凝土空心砌块隔墙裂缝产生机理

1. 主体结构变形引起的隔墙裂缝，主体结构的梁、板、地梁在荷载作用下会产生挠度，隔墙本身整体承受自重，导致隔墙中部向楼板传递的荷载减少，两端传递的荷载增多，隔墙整体在平面内受弯，产生的弯矩超过砌体的承受能力时，砌体就会在中下部的薄弱部位开裂。

2. 隔墙与主体结构连接部位的裂缝，隔墙施工时主体结构施工至少达 28 天以上，其混凝土早期收缩已基本完成，由于混凝土与轻集料混凝土空心砌块线膨胀系数基本相同，温差引起的变形可不考虑，可以认为，隔墙与主体结构连接部位的裂缝主要是由于隔墙砌体自身收缩引起的，变形量约为 0.3mm/m。

3. 分布不规则的裂缝，产生的主要原因是施工质量控制不到位，如砌体开

槽后封堵不到位，门洞两侧芯柱及上部过梁混凝土浇筑不密实，灰缝砌筑砂浆不饱满等。

（四）轻集料混凝土空心砌块隔墙开裂预控措施

1. 主体结构变形引起的隔墙裂缝，严格按照技术规程、图集要求设置构造柱、水平系梁，尽可能采用明的水平系梁、过梁及构造柱，避免采用芯柱及暗过梁、暗的水平系梁。通过工程保修期回访，发现由于砌块的竖孔尺寸较小，特别是 190mm 厚度以下的砌块，芯柱断面只有 10mm 上下，再加上钢筋的占位，芯柱混凝土很难灌实，都是疏松的；采用 U 形砌块做底、侧模，形成的水平系梁、过梁断面很小，钢筋与主体结构的连接也达不到植筋的效果，这样砌体的整体性不能达到设计要求，抵抗变形的能力就比较差，而由于钢筋混凝土构件的受力特点，主体结构的变形不可避免，砌体很容易开裂，隔墙越长，裂缝越容易发生。

2. 隔墙与主体结构连接部位的裂缝控制。目前多数工程施工单位没有严格按抗震规范要求设置隔墙与主体结构之间的软连接，往往只在砌块的两条竖肋处抹上砌筑砂浆了事，这样做的抗裂效果还不如将砌块与主体结构之间满灌砌筑砂浆好，但满灌砌筑砂浆又不符合抗震规范的要求。我们的建议做法是：如图 3 所示，按相关技术规程的要求在隔墙端部与主体结构之间填耐火性能较好的硬泡聚氨酯，砌筑完成后至少 4 周再将砌块侧壁与主体结构之间的缝隙用砂浆塞上。

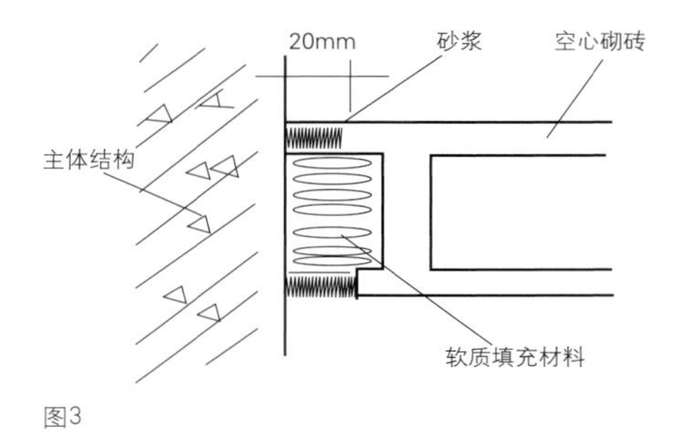

图3

在墙面初装修之前，可在隔墙与主体结构连接部位用抗裂砂浆粘贴耐碱网格布增强，每边搭接不少于 100mm。

3. 对于轻集料空心砌块隔墙由于施工质量差产生的不规则裂缝，主要应通过加强施工质量控制来解决。砌块最好养护 28 天以上再用于工程上，砌筑砂浆需饱满，不得出现瞎缝、透缝，水电配管应随砌筑同步进行，每天砌筑不超过一步架，隔墙与梁或板底之间封堵宜间歇 1 周以后进行，整体砌筑施工顺序宜自上而下进行。

二、轻质隔墙板隔墙的裂缝发生机理分析及预控措施

（一）常用轻质隔墙板隔墙做法

1. 材料，主要有轻质混凝土、水泥、石膏、加气混凝土条板等类型，从强度、耐久性、饰面层施工性等方面考虑，建议首选轻质混凝土加冷拔丝的预制条板，具有质量轻、强度高、环保、隔声、防火、快速施工、降低墙体成本等优点。

2. 构造要求，条板之间应加连接件，抗震设防地区隔墙板与主体结构之间应镀锌钢板卡件连接。

3. 轻质隔墙板弹性模量约为 3400MPa，线膨胀系数可取 0.00001/℃，收缩率为不大于 0.6mm/m。

（二）轻质隔墙板隔墙主要裂缝类型

1. 板与板之间开裂，这种裂缝比较常见，门头板两侧易裂。

2. 条板与主体结构之间开裂，当条板与主体结构平接时，裂缝对墙装饰面观感影响较大。

3. 水电配管开槽处开裂，预制条板隔墙内水电配管只能通过开槽后嵌入，处理不当极易开裂。

（三）轻质隔墙板隔墙主要裂缝产生机理

轻质隔墙板隔墙裂缝主要产生原因均可归纳为隔墙板自身收缩受到约束所致，约束来自隔墙板上下两个面与主体结构的连接（连接件及粘接剂、细石混凝土）。水电配管开槽处开裂主要原因为后塞砂浆或细石混凝土不密实，与隔墙板结合不良。

（四）轻质隔墙板隔墙开裂预控措施

按上述轻质隔墙板隔墙裂缝主要产生原因分析，可知控制裂缝产生的途径主要有，减少隔墙板的收缩量，提高隔墙板之间的粘接剂的拉伸粘接强度，北京地方标准《建筑轻质板隔墙施工技术规程》DB11/T 491—2016 规定粘接剂常温 14 天拉伸粘接强度不小于 1.0MPa，理论上讲只要由于隔墙板收缩产生的拉应力小于 1.0MPa，即可避免隔墙开裂。

具体措施主要有，隔墙板应提前加工订货，提前生产，养护期越长越好，至少要达到 28 天；严格控制粘接剂原材质量及配制的质量，施工时保证隔墙板之间的企口槽内满涂粘接剂并粘接密实；水电配管须用机械开槽，安装完管线后将界面清理干净并用细石混凝土塞实。

复合地层下穿重特大风险源盾构施工监理管控重点分析

侯策源　江黎
上海建科工程咨询有限公司

盾构法施工具有高效和安全性等特点，目前在全国各地区间隧道施工中普遍采用。经专家评审确定成都地铁8号线大部分采用土压平衡盾构机施工，本标段元华出入段线北线采用的是直径6280mm的中铁装备盾构机进行施工，隧道采用外径6m的预制管片拼装成型。

一、重难点分析

（一）区间隧道重特大风险源多，施工难度大

区间风险源呈点、线状分布，风险分散性较大，辐射范围广。元华出入段线北线区间隧道经评审涉及以下重特大风险源：

特别重大风险源3项：1.上跨9号线西线、东1线、东2线；2.下穿黄荆村1–2队民房；3.下穿绕城高速。重大风险源共计16项，包括：三元光海水泥预制管厂、始发/接收端降水施工、盾构始发/到达、盾构安拆吊装作业、负环拆除、废品收购站、侧穿成雅高速桥桩、开仓检查/换刀多次、联络通道兼泵房施工等。大量且频繁的下穿风险源，极大地提高了施工难度及风险。

（二）地层条件复杂，设计线路平面曲线半径小，纵向坡度大

区间主要穿越地层为中密卵石层、强风化泥岩层、中等风化泥岩层，部分位置夹杂呈透镜状密实卵石土、淤泥质黏土、粉质黏土。

隧道最浅埋深6.0m，区间设计线路存在小半径、小间距、大坡度特点，且受始发井长度局限，盾构采用分体、割线始发，盾构掘进姿态及管片质量的控制难度大。

线路最小半径300m，最小间距0.7倍洞径，最大坡度36.148%；盾构始发段处于圆曲线段，且半径r=310m，采取割线始发；盾构始发井因场地受限，设计长度仅为52m，盾构采用中铁装备盾构机CREC086#全长约86m（包括盾构后配套台车段），为此必须进行分体始发。

（三）监理人员年轻化，管理经验及技术能力不足

经过调查，盾构监理组成员年龄阶段在23~36岁之间，平均年龄不足30岁，且大部分人员未参与过盾构施工管理。管理经验的缺乏，使他们难以把控施工管理中潜在的风险。

（四）建设单位管理要求高，管控全面

建设单位建立了完善的管理体系，形成系统的管理制度和文件。涉及面广，涵盖了安全质量及其他各方面，且针对盾构施工管理有专项的管理制度。施行“标准化”管理，定期对监理等参建单位实施考核，客观要求监理对现场的管理必须精细化。

二、主要控制措施及管理特点

（一）风险源管理

建立风险清单，对风险源实施情况进行跟踪。

全面掌控风险源实施情况，通常分为：

1. 风险实施前

既有构建筑物现状调查，委托有资质单位出具鉴定报告。地质补勘（实践证明地质补勘对指定针对性的掘进方案有重要参考意义），完善地质调查。落实专项方案中各项技术措施，如建构筑物预加固等。

风险源实施前，按照地铁公司文件要求实施条件验收（监理提前组织预验收），核查准备情况，具备条件后方可实施。

2. 风险实施期间

风险源实施期间，监理全程跟踪旁站。加强风险实施期间的风险跟踪，掌握第一手资料，分析和处置潜在风险，如沉降预警处置；通常施工方对风险处置存在一定的侥幸心理，认为未出现明显险情无须处置。监理全面的风险跟踪，有利于及时决策，履行监理职责，规避风险。

例如，针对出渣量的分析，当地面沉降反应滞后时，依据统计数据判断出渣量有超方时（一般根据经验，单环超方 $2m^3$ 以上，多环累计超方 $5m^3$ 左右），应及时进行钻孔排查，消除隐患。

3. 风险实施完成后

风险的销项，风险实施完成后，及时总结汇总相关资料。特别是区间左、右线均需的实施风险，经验的总结有利于另外一台盾构掘进的参数制定，有效指导施工。鉴于成都地层的特点，风险实施后一段时间内需进一步开展风险排查，如滞后沉降排查。有条件的情况下，应进行地质雷达扫描，排除地层空洞。

（二）盾构掘进过程管理

全面的盾构施工过程管理是整个盾构管理的核心，它依托于全面的信息来源和专业化的监理管控。

1. 盾构掘进 24 小时全程跟机旁站，记录每环掘进参数。

监理独立记录掘进原始记录（掘进参数、管片拼装质量等），有效反应盾构掘进的真实情况。重点记录以下参数：

1）同步注浆；综合分析同步注浆量，注浆压力以及浆液凝固时间。同步注浆主要起到填充缝隙的作用，同步注浆对后续管片姿态影响较大，特别是在泥岩地层，常是影响管片上浮的主要因素。

2）管片拼装检查；主要包括防水材料粘贴质量，通常在吊装下井前提前检查，拼装时进行二次检查。管片选型、拼装点位和盾构间隙检查，核查选型管片与间隙调整、油缸行程差调整和隧道曲线等参数的吻合性，拟合掘进曲线，缓慢纠正偏差参数。

3）掘进参数的记录分析；总结试掘进期间土仓压力、总推力、刀盘扭矩、推进速度，以及渣土改良参数等数据，设置参考范围，出现异常波动时以便及时制定预控措施。盾构姿态的控制，除参考成型管片数据、曲线特征外，应特别重视控制每环掘进的纠偏量，避免过度调整。

4）渣土量记录；成都地区采用出渣方量和重量双控措施，通常在确定理论方量前，应结合渣土情况，确定松散系数等参数，以便相对准确地预估出渣量。称重设备应提前进行标定。渣土记录中，注意残渣量的扣除方式（残渣量影响下一环渣量计算），尽量保证残渣量处于较少水平，以提高出渣量计算准确度。

2. 掘进参数评估，建立相应台账

建立盾构掘进质量每环评估记录，重点标注异常环号位置，便于后续处置和跟踪。通常异常掘进段伴随出渣超方问题，提前进行评估，有利于问题的处置。

1）建立异常位置处置台账；通过出渣量计算分析，核查地质情况，排除地层空洞，预防坍塌。重点记录处置段钻孔注浆情况，比对注浆量和超方量，跟踪和消除滞后沉降隐患。

2）建立异常停机台账；长时间停机位置，在盾构恢复掘进时，通常会出现短暂的掘进参数异常变化，易导致出渣参数异常。结合经验分析，主要是因为长时间停机导致土仓内渣土改良不佳（土体板结或结饼）、周边土体收敛等，引起盾构恢复掘进后的掘进参数异常。为此，在能预估长时间停机的情况下，一般在土仓内加注一定的分散剂，或惰性浆液等。

3. 成型管片质量统计和分析

结合验收规范要求，在日常检查和验收中，加强质量管控。

1）建立缺陷台账，每环管片拼装质量检查和记录，建立质量缺陷台账（错台、破损、渗漏），控制缺陷修补质量。分析质量问题出现的原因，定期总结并组织相应专题会。总结常见问题影响因素：（1）盾尾间隙不足，盾尾挤压

风险源清单

编号	危险点	特征描述	级别	实施情况
1	上跨9号线东西出入段线	8、9号线交叉点位于黄荆村下方，8号线在上，9号线在下；元华南出入段盾构区间在南Y1K1+905.342~南Y1K1+955.608上跨9号线出入场线盾构区间隧道，在上跨范围两隧结构净距在3.6~4.6m，南出入段线盾构区间覆土层约8.5~9.0m，洞身上半部分在卵石土层，下半部分在强分化、中分化泥岩层	特别重大	已实施
2	过黄荆二队普通民房	盾构隧道在北1出入段线K1+093~K1+462和北2出入段线K1+128~K1+458下穿黄荆二队村普通民房群，其中北1下穿约22栋民房，北2下穿约19栋民房，现场勘查为2~4层砖混结构，推测埋深为2~3m左右浅基础，基础所处地层为杂填土、粉质黏土层；盾构隧道顶距民房基础底最小净距约5.66m，隧道洞身穿越地层自上而下依次为稍密、中密卵石土层及强风化泥岩层	特别重大	已实施
3	过绕城高速	本次穿越与南线第二次穿越位置相同；在北1YK1+492.5~北1YK1+594.43北线两条线下穿绕城高速公路路基段；线路以9m线间距设计，采用37.5%的坡度爬升，垂直穿越；区间隧道拱顶距绕城高速路路面约6.9~7.4m；隧道穿越的地层主要是粉质黏土、稍密卵石土和中密卵石土	特别重大	已实施

管片；(2)管片转弯半径在局部过大或过小；(3)成型管片有较大不均匀浮动；(4)拼装时环面不平整、磕破、整圆度不均等问题。

2)管片姿态复测和监理复核：在审核施工方上报的成型管片姿态的基础上，监理定时开展管片姿态的人工测量，检验施工单位数据的准确性和真实性。每日上报管片姿态应实现有效“搭接”，以便反映管片姿态的变化规律，如上浮量参数。管片数据必须要求施工方对盾构司机及其他关键人员进行交底，以便调控盾构姿态。同时，结合上浮量，要求项目部调整二次注浆、同步注浆配比等关键参数，避免管片姿态超出设计和验收规范要求。

4. 分体系，利用互联网强化管理

结合参建单位特点，建立多个微信、QQ群内、外部群(项目监理组、盾构监理组、施工与监理、施工＋监理＋业主、施工＋监理＋监测等)，强化施工过程信息互通和管控的落实。信息的传递具有针对性，区分内、外部管理。

(三)监测数据对比分析与巡查

信息化施工的指导和反馈有助于及时采取针对性措施，因此对监理的分析、组织协调及日常巡查提出了更高的要求。

1. 监测分析比对

每天核查监测数据，比对施工监测和第三方监测数据，形成对比分析记录。结合沉降数据，及时督促施工方采取措施降低沉降风险。根据既有经验，施工方内部建立监测小组，特别是对敏感地层加密监测，能有效地提供信息指导，便于施工方提早开展处置。

2. 日常巡查，雨中、雨后巡查

建立有效的地面巡查机制，便于及时发现可见隐患。加强沿线穿越建构筑物日常巡查，以及雨中、雨后巡查，及时发现沉降风险隐患，并采取措施消除。经监理实践，有效的巡查，能弥补监测数据的滞后及布点的局限，扩大排查范围，并有效排除人为行为对监测数据的干扰。

三、监理人员配置及优化

通常为满足合同和建设单位的需求，都会要求监理单位多增加人员，但过剩的监理人员配置不仅不利于管理，反而还会起到负面作用。因此，监理人员的数量和组成宜合理安排。

为满足监理管理的合理化配置，并兼顾高效性。结合长期的盾构管理经验，以单个区间为例，盾构监理组中的人员配置如下：

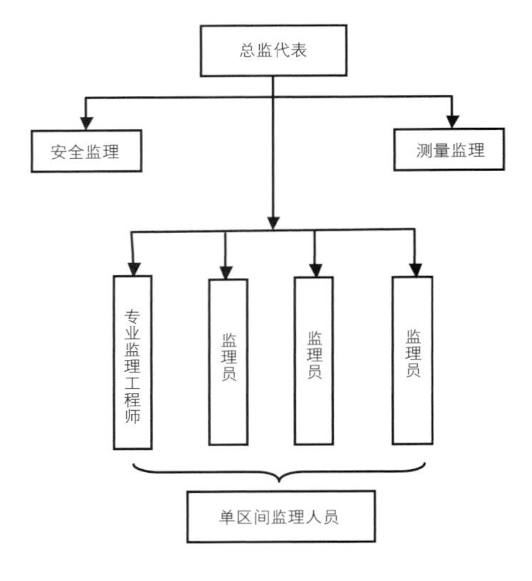

盾构施工为24小时连续掘进，区间值班人员以4人为组进行轮班。区间隧道人员配置中，每增加一个区间建议增加一专三员，即一个专业监理工程师及3名监理员。同时施工1~2个区间时，建议增设1名专业组长或专业监理工程师、1名资料员。

合理的监理人员配置是保证监理工作开展的前提，同时专业化的施工对人员的专业素养提出了更高的要求。

(一)专业培训

利用既有盾构专业人员，对盾构组人员开展专题培训，并结合规范和地铁公司文件，实现理论知识体系的建立。通过现场实践，加深理论认识。同时，必要时由公司邀请外部专家组织专项培训。

(二)细则交底

现场管控重点的交底，强化程序管理和重点控制。通过对监理实施细则的交底，实现对施工过程重点的熟悉和掌握，以便具体工作的开展，同时完善监理资料体系。

(三)内部会议和总结

每周定期的监理内部会议，成员及时汇报反馈工作中发现的问题。总监代表牵头，邀请总监参加，探讨和解决施工过程中存在的疑惑。通过管理和技术经验上的总结，提高监理的管理水平。

(四)组内成员试讲汇报

轮流安排组内成员以PPT形式进行试讲，汇报以施工方案、规范、图纸或地铁工作文件为主，考验监理人员对盾构施工的理解和领悟，通过相互的学习和碰撞，发现问题，互补短板，提高监理水平。

通过以上手段，基本能在1个月左右实现监理工作有序开展。

参考文献

[1] 黄荣．盾构施工质量控制重点及措施[J]. 建筑机械化，2016，37(2)：46–47.
[2] 蔡舒岚，万捷．轨交盾构管片质量通病检测与防控技术[J]. 中国市政工程，2013(1)：69–71.
[3] 牛广军．对盾构机硬岩掘进管片上浮问题及解决方法的探讨[J]. 城市建设理论研究(电子版)，2018，267(21)：67–68.
[4] 孙震．复杂地层盾构管片上浮纠偏及处理施工技术研究[J]. 石家庄铁路职业技术学院学报，2018，17(03)：37–40.
[5] 杨晅，刘建伟．地铁盾构施工监理控制要点[J]. 建筑技术开发，2014(7)：58–63.
[6] 程磊．地铁盾构隧道施工质量监理控制的重点分析[J]. 城市建筑，2016(5)：207–207.

300m级掺砾土料心墙堆石坝经验介绍

——糯扎渡水电站

韩建东　武波　魏雄

中国水利水电建设工程咨询西北有限公司

摘　要：糯扎渡水电站为国内首座300m级掺砾土料心墙堆石坝，施工前期基本无可借鉴施工经验，为确保心墙防渗体与坝壳区的协调变形，通过程序控制、质量管控等一系列有效措施的实施，同时过程中不断总结和提升，总结出一套适用于300m级砾石土心墙堆石坝的控制经验，糯扎渡心墙堆石坝的成功经验和技术可为今后同类坝型的施工提供借鉴。

关键词：300m级　心墙堆石坝　经验介绍

一、工程概括

糯扎渡水电站位于云南省普洱市澜沧江中下游河段，枢纽工程由心墙堆石坝、岸边溢洪道、泄洪隧洞、地下引水发电系统等建筑物组成；开发任务以发电为主，兼顾防洪、航运等综合利用效益。糯扎渡水库正常蓄水位812.00m，总库容237.03亿m^3，具有多年调节能力，电站总装机容量5850MW（9×650MW），多年平均年发电量239.12亿kW·h。

糯扎渡心墙堆石坝坝顶高程821.50m，最低建基面高程560.00m，最大坝高261.50m，为目前国内在建的同类坝型中的最高坝。坝体中央为直立心墙防渗体，心墙上下游坡度均为1：0.2，采用掺砾黏土料分层碾压填筑形成，坝体总填筑量约3400万m^3，掺砾黏土心墙防渗体填筑量达464万m^3。

二、主要工程特点

糯扎渡水电站是澜沧江流域规模最大的水电工程，挡水、泄水、引水发电和导流建筑物的工程规模及施工难度均居世界前列。在糯扎渡水电站建设过程中，国内、外基本无300m级掺砾土料心墙堆石坝可借鉴成熟施工经验，同时糯扎渡水电站坝料特别是掺砾心墙防渗土料的性能及适应性、相应的掺砾及填筑施工工艺、压实质量控制标准、质量监控技术等是心墙堆石坝工程建设面临的关键技术问题。

糯扎渡水电站存在农场土料天然级配偏细，且不同部位不同深度土料粗粒含量差异较大，采用天然土料填筑时，心墙区沉降将不满足要求，在确保心墙防渗体渗透系数满足要求的同时，还必须保证大坝心墙区与坝壳区的协调变形要求，研究一种在农场土料中掺加人工级配碎石的方法，对心墙土料进行人工掺砾改性，保证心墙防渗土料中掺砾均匀、P_5含量稳定等特性，减小心墙与坝壳之间的变形、有效降低坝壳堆石体对心墙的拱效应、改善心墙的应力应变状态等为糯扎渡水电站面临的较大难题。

三、采取的主要控制措施

（一）积极推进心墙填筑准备工作

大坝心墙填筑前，监理中心积极组织参建四方召开心墙填筑筹划会议，制定了心墙填筑准备工作落实清单、时间、责任单位和相应配合单位及责任人，同时监理中心内部各专业组积极跟踪检查准备工作落实进度，确保心墙填筑准备工作有序推进，监理中心及时编制了土石料场开采、砾石料生产、掺砾石土料制备及大坝填筑等现场监理实施细则；

细则编制完成后内部及时组织进行了讨论和宣贯学习，要求现场监理人员必须能够掌握相关控制点及控制标准，确保糯扎渡水电站大坝心墙填筑工作能够高起点、高标准、高质量地开展。

（二）土料开采质量控制

土料开采前，需提前完成料场内外施工道路、开口线外截排水等施工内容。根据土料场复勘成果及相关规划方案进行开采，结合复勘成果确定的各开采区域表层腐殖土厚度进行剥离，完成开采区土料腐殖土剥离、试验检测、范围测量等，由监理组织参建四方进行有用料鉴定。

1. 根据监理组织的四方鉴定结果，每批次开采范围表土剥离满足要求后签发准开采证，方可进行土料开采。同时要求承包人必须在监理批准的开采范围内开采，开采区需划定界限，设置明显的界标。满足施工含水率控制要求后经现场监理同意方可进行开采。

2. 根据土料场勘探试验成果分析，土料场不同深度、不同部位土料的结构及含砾量差异较大，因此要求土料开采过程中必须采用立采的方式混合挖运，故开采深度及立采工艺是确保各层土料混合均匀的关键，该工序监理中心进行了强化控制。

3. 在挖装过程中，采用挖机将超径砾石剔除于旁边后集中装运出开采区至指定位置，过程中如遇到夹层或较为集中的不合格料区域，由监理组织参建四方联合鉴定，确定不合格料处理措施，针对需要剔除的区域，监理需旁站监督。

4. 对土料开采过程监理中心实行巡视及旁站监理。监督立采工艺、开采深度及含水率检测，剔除超径砾石，确保土料级配及含水率满足设计要求。

（三）防渗土料掺砾工艺及制备质量控制

大坝心墙混合土料与砾石料按重量比进行掺和，根据试验确定掺和比例为混合土料：砾石料 = 65：35（土料单层层厚为 1.10m，砾石单层层厚为 0.5m），水平互层铺料，一层铺砾石料，一层铺混合土料，如此相间铺料 3 个互层，砾石料采用进占法铺料，土料则采用后退法铺料，并明确了具体的防渗土料掺砾工艺流程如下图：

1. 掺砾石土料制备实行每层准铺料制度，各备料仓在备料前必须进行场地清理及平整，进行底基层网格测量及边墙涂刷铺料层厚控制标识等工作，各项准备工作均到位后监理签发准铺证，方可开始备料。

2. 掺砾石土料备料严格按照规定的铺料顺序、铺料厚度、施工工艺流程进行施工，备料过程中需加强巡视监督，对发现的超径石、杂草及树根等杂物应安排专人进行剔除，禁使用干土料、超径石块。

3. 采用全站仪测量控制铺料厚度，测量监理抽查；铺料完成后，经测量监理复核方格网测量铺设厚度满足要求后，方签发下一层准铺证；对铺料层厚不满足要求时，须进行处理，以确保砾石含量及砾石土料级配满足设计要求。

4. 当混合土料含水率不满足要求时，根据混合土料含水率检测情况、最优含水率控制范围，以及施工工况含水率损失情况确定补水量；采用供水管道配合软管进行人工补水，每一料仓铺料洒水浸闷封存约 7 ~ 10 天，直至其含水率满足设计要求。

5. 每个料仓备料完成后，采用 4 ~ 6m^3 的正铲混合掺拌均匀，现掺现用；掺拌方法，正铲从底部自下而上掺拌，一次切透 3 个互层，将斗举到空中让其自然抛落，重复 3 次。对每批拌制好的掺砾石土料进行级配和含水率检测，经监理工程师检查级配及含水率满足要求后方可装车上坝。

（四）大坝填筑质量控制

糯扎渡水电站填筑石料包括堆石料、

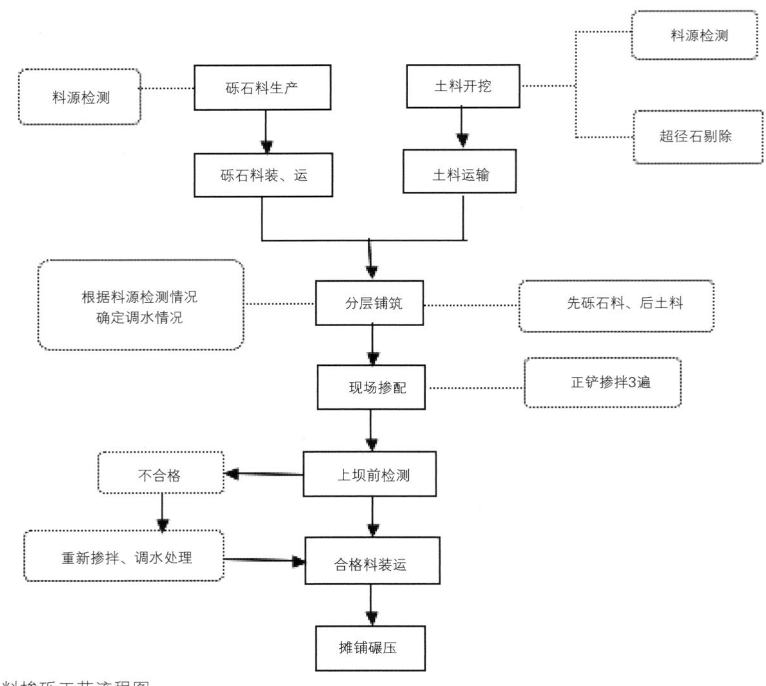

混合土料掺砾工艺流程图

掺和场备料、掺拌照片

细堆石料及过渡料，心墙区包括接触黏土料、砾石土料及反滤料。接触黏土用于河床及两岸岸坡垫层混凝土接触部位的填筑。结合土料开采、掺砾土料制备等工序控制，糯扎渡水电站心墙堆石坝各种坝料填筑实行准填证制度，必须经监理工程师检查，基础验收合格或者上一层按要求施工完毕，且试验检测结果均满足设计要求后，可签发准填证进行下一步施工。

1. 大坝填筑前，测量专业监理工程师结合设计图纸对施工单位测量放样成果进行复核，确保大坝及防渗体填筑位置、尺寸符合设计图纸。

2. 掺砾土料采用进占法卸料，20t 自卸车运输，湿地推土机平料，随卸随平，避免堆料风干。上坝的掺砾土料级配、含水率必须满足设计要求，含水率控制范围为最优含水率 –1% ~ +3%，非汛期含水率按施工含水率控制范围上线进行控制，汛期有填筑施工的按照下线控制。

3. 掺砾土料铺料前，前一填筑层表面应湿润，含水率须满足施工含水率控制范围要求，否则需进行表面水分调节，翻晒或洒水，洒水须均匀。同时为保证层间结合效果，在铺料填筑前需对压实面均进行刨毛处理。

4. 现场监理对掺砾土料铺料过程进行检查监督，铺料完成后，必须采用定点方格网（20m × 20m）测量法，严格控制铺料厚度及平整度，不得超厚，否则须进行推薄处理。在铺料厚度经测量专业监理工程师复核满足设计要求，边角、边界（包括污染料）处理合格后，方可进行碾压。

5. 各项工作经检查均满足要求后，监理工程师签发准碾证，心墙料采用 20t 凸块碾振动碾压，平行于坝轴线方向进退错距法进行碾压。心墙填筑分段碾压时，碾压搭接宽度垂直于碾压方向不小于 0.3 ~ 0.5m，顺碾压方向不小于 1.0 ~ 1.5m，碾压遍数采用数字大坝 GPS 监控系统进行监控。

6. 其他坝料的填筑质量控制同掺砾土料，均采用准填筑、准碾压证制度，同时在各坝料填筑实施过程中，现场监理工程师对填筑施工过程进行巡视、旁站检查监督，发现问题要求及时处理闭合，确保其填筑质量满足要求。

7. 雨季施工需及时掌握天气预报，下雨前及时平整填筑面，采用平碾快速碾平表面，以利于排水通畅。雨后复工，对已验收合格压实面须重新进行压实度、含水率检测，不合格时，重新进行推平补压至压实度检测合格。为确保雨后填筑质量，制定了雨后恢复施工程序，经项目总监签字方可恢复填筑施工。汛期若停工的，需提前将心墙表面铺设保护层，汛后复工前予以清除。

（五）碾压质量控制措施

糯扎渡水电站引进天津大学数字大坝实时质量监控系统，建立了“全天候、全过程”实施质量监控及反馈机制，自动监测记录碾压机械的行车速度、碾压遍数、激振力、压实厚度，最终形成监控碾压机械的运行轨迹，通过 GPS、GPRS 和网络传输技术，将施工信息输入现场分控站和控制中心，当填筑施工过程中铺料厚度超过规定，或有漏碾、超速、激振力不达标时，PDA 即报警提示有关管理人员，以便及时纠偏，实现大坝填筑质量“双控制”。

天津大学数字大坝监控系统在糯扎渡属初次使用，也属国内首次采用。各项评判标准均不成熟，后由监理中心牵头组织召开数字大坝会议，确定了不同填筑料不同碾压遍数合格率的标准，有效促进了现场生产，同时提议将数字大坝监控成果作为施工过程工序控制环节，并纳入质量验评资料中作为重要工序进行控制。

糯扎渡心墙掺砾土料压实标准全料压实度按修正普氏 2690kJ/m^3 功能应达到 95% 以上，按普氏 595kJ/m^3 功能应达到 100%。掺砾粘土心墙砾石最大粒径达 120mm，现行规范要求对砾石土采用全料压实度检测，但对掺砾土料进行全料击实时，至少需采用 Φ300m 击实仪，试验工作量大、时间长（2 ~ 3 天），难以满足现场施工进度要求，因此采用 595kJ/m^3 击实功能对小于 20mm 细料进行三点法快速击实试验，其压实度应达到 98%。质量控制时采用压实度指标，根据本工程特征，采用双控法，即以细料击实控制为主，以全料每周一次压实度控制校核。

四、控制效果分析

试验检测成果表明，掺砾土料、接触性黏土压实度、颗粒级配、渗透系数均满足设计要求。

掺砾土料压实度、颗粒分析试验成果（<20mm三点击实法） 表1

检测项目	全料含水率（%）	细料含水率（%）	与最优含水率差值（%）	压实指标				级配指标		
				<20mm干密度（g/cm^3）	全料干密度（g/cm^3）	变换最大湿密度（g/cm^3）	细料压实度（%）	>20mm含量（%）	>5mm含量（%）	<0.074mm含量（%）
设计值	/	/	−2～+2	/	/	/	≥98	15～38	27～52	19～50
检测组数	3601	3601	3601	3601	3601	3601	3601	3601	3601	3601
最大值	15.5	20.9	3.9	1.95	2.15	2.23	104.6	45.2	51.0	59.8
最小值	7.9	10.7	−2.6	1.69	1.83	2.01	96.8	11.3	21.7	26.6
平均值	11.5	15.6	0.5	1.82	1.98	2.12	99.4	28.0	36.4	43.6
标准差	0.96	1.28	0.49	0.03	0.03	0.03	0.87	3.77	3.53	4.37
离散系数	0.084	0.083	/	0.019	0.016	0.012	0.009	0.135	0.097	0.100

掺砾土料渗透试验检测统计表 表2

试验项目	设计指标（cm/s）	组数	渗透系数（cm/s）		
			最大值	最小值	平均值
原位垂直渗透试验	$<1\times10^{-5}$	6	2.09×10^{-6}	8.23×10^{-7}	1.41×10^{-6}
室内简易水平渗透试验	$<1\times10^{-5}$	1	5.61×10^{-6}	5.61×10^{-6}	5.61×10^{-6}
原位水平渗透试验	$<1\times10^{-5}$	2	3.37×10^{-6}	2.99×10^{-6}	3.18×10^{-6}
原位水平、垂直综合渗透	$<1\times10^{-5}$	3	1.94×10^{-6}	1.64×10^{-6}	1.76×10^{-6}

接触黏土料填筑质量试验检测成果统计表（铺厚27cm） 表3

检测项目	实测含水率（%）	与最优含水率差值（%）	压实指标				级配指标	
			湿密度（g/cm^3）	干密度（g/cm^3）	最大干密度（g/cm^3）	压实度（%）	>5mm含量	<0.074mm含量
设计值	/	0.4～2.4	/	/	/	≥95	0～5	≥65
检测组数	881	881	881	881	881	881	53	53
最大值	28.7	3.3	2.09	1.73	2.10	103.1	3.2	95.4
最小值	18.2	−2.0	1.89	1.50	1.92	95.2	0.1	71.3
平均值	24.3	0.4	1.99	1.60	2.02	98.4	1.1	86.6
标准差	1.79	0.53	0.03	0.04	0.03	0.96	0.62	4.98
离散系数	0.074	/	0.016	0.026	0.016	0.010	0.562	0.058

接触黏土料渗透试验检测成果统计表 表4

试验项目	设计指标（cm/s）	组数	渗透系数（cm/s）		
			最大值	最小值	平均值
室内变水头试验	$<1\times10^{-5}$	21	1.50×10^{-6}	4.34×10^{-8}	1.54×10^{-6}
现场原位渗透试验		10	8.44×10^{-6}	1.68×10^{-7}	3.65×10^{-6}

结语

糯扎渡水电站大坝防洪标准高、水库库容大，在国内外同类工程中具有一定的代表性，是高土石坝施工工法、工艺、管理控制方法及经验总结的重要实践，通过采用数字大坝监控系统技术对心墙填筑碾压质量实时监控，以及附加质量法等一系列现场管控手段和方法，建设实施过程中经过不断总结和提升，总结出一套适用于300m级砾石土心墙堆石坝的控制经验，糯扎渡心墙堆石坝的成功经验和技术可为今后同类坝型的施工提供借鉴。

参考文献

[1] 杨晓鹏，韩建东，钟贤五．糯扎渡水电站心墙土料掺砾工艺及质量控制技术[J]. 西北水电，2012（S2）．
[2] 刘增峰，徐阳，钟贤五．糯扎渡水电站坝料填筑施工工法及质量控制[J]. 西北水电，2012（S2）．

干挂石材幕墙施工监理质量控制要点

胡艺
厦门港湾咨询监理有限公司

一、工程概况

中国农业科学院油料作物研究所实验室项目，主要功能为农业油料作物试验、研究办公大楼。实验室大楼地上 9 层，层高 4.2m，建筑总高 48.6m，地下 1 层，总建筑面积 8529.9m^2，抗震设防类别丙类，抗震设防烈度为 6 度。

幕墙结构设计为干挂石材幕墙和点式玻璃雨棚，以及铝合金门窗安装。幕墙总高度 44.1m。石材幕墙面积为 4202m^2，点式玻璃雨棚所用玻璃为 8+1.52（PVB）+8mm 钢化夹胶玻璃。入口处门头石材幕墙及雨棚幕墙高度为 5.6m，幕墙石材采用 30mm 光面花岗石。幕墙设计对选用材料及供技术参数、避雷措施及防静电感应措施、防火性能、原材料防腐蚀及防爆措施、消除幕墙变形及幕墙与主体结构产生相对位移措施等。

二、石材幕墙施工监理质量控制要点

（一）施工准备阶段的监理工作要点

1. 审核幕墙单位上报的二次设计图纸内容和相关手续，二次深化设计图纸的主要内容、布局形式用材和色调等应符合原设计构思风格的要求。审核的重点是其深化的具体内容（骨架与基体的连接、骨架自身体的连接、各细部节点连接大样、块材规格尺寸、防雷、排水构造等）应符合相关规范、规程的标准要求，并经原设计审核签认有效。

2. 审查幕墙单位上报的企业相关资质证书、人员资格证书、质量安全保证体系，核对文件是否符合相关质量规定。

3. 审查幕墙单位上报的幕墙工程专项施工方案和吊篮安装、拆除方案、应急安全救援预案。根据《住房城乡建设部办公厅关于实施 < 危险性较大的分部分项工程管理规定 > 有关问题的通知》的规定（建质办〔2018〕31 号），本工程幕墙高度未超出 50m，故本工程幕墙施工吊篮只需经参建各方验收并经过有资质的第三方检测单位检测合格，报建筑行政管理部门备案后，就可投入使用。

1）在程序性审查时，重点审查专项施工方案的编制人、审核人、审批人是否符合有关质量规定的要求。

2）在方案内容审查时，重点注意专项施工方案是否具有针对性、指导性、可操作性；审查现场管理机构人员建立安全保证体系的情况；工程质量、安全要求及目标明确情况；质量、安全管理保证体系组织机构及人员岗位职责设立情况；相应的质量、安全管理人员是否配备情况；质量、安全管理程序制度建立情况；施工质量、安全保证措施和政府规定、标准、特别是与建设强制性标准的符合性。

3）监理工程师审查专项施工方案要做到有据可依。建设工程施工合同及监理合同文件，经批准的建设工程项目和设计文件、最新的相关法律、法规、规定、规程、标准、图集等，以及其他工程资料均是审查专项施工方案的依据。

（二）干挂石材幕墙施工过程质量控制

原材料质量控制。根据设计要求，本工程选用原材料及技术要求，主要原材料有钢型材、玻璃、硅酮结构和建筑密封胶、石材、铝合金挂件、密封垫和密封胶条、标准五金件等材料。监理工程师要求幕墙单位进场后，按照原材料送检制度进行报验至甲方，监理确认后，封样保存。总监安排专业监理工程师负责检查品牌是否符合招标清单内品牌和甲控的要求，是否和封样样品一致，封样的材料一经封存不得私自替换。

1）型钢重点审查对承重结构的钢材应查抗拉强度、屈服强度和硫、磷含量的合格证，对焊接结构应具有碳含量的合格证，焊接承重结构以及重要的焊接承重结构应具有冷弯试验合格证，各项复验数量数据应符合设计和规范要求。

2）玻璃工程设计点式玻璃雨棚所用玻璃为8+1.52（PVB）+8钢化玻璃。对玻璃要分别检查原片和加工后的成品玻璃的质量证明文件，检查标准按国家《建筑用安全玻璃》GB 15763—2005执行。

3）硅酮结构，建筑密封胶，技术性能应符合《玻璃幕墙工程技术规范》JGJ 102-2003规定。同一幕墙工程应采用同一品牌的单组分或双组分的硅酮结构胶，并应有保质期限的质量证明书，用于石材幕墙的硅酮结构密封胶还应有证明无污染的实验报告。采用同一品牌硅酮结构胶密封和硅酮耐候密封胶配套使用。石材幕墙金属挂件与石材固定材料选用干挂石材环氧树脂胶粘剂。

4）光面花岗岩石材的选用，幕墙石材选用火成岩花岗石材吸水率设计要求不大于0.4%，所有石材背面粘结高强玻璃纤维布，花岗石材的弯曲强度应经第三方检测机构检测合格，并达到相关设计要求。

5）密封垫和密封胶条设计要求选用优质国产三元乙丙密封胶条，作为成型的密封用的非金属挂件，须有良好的抗拉强度、延伸率、抗臭氧及紫外线、抗表化、抗温差性能，橡胶条要有合格材质证书。双面胶条、泡沫杆选用合格国标产品。

6）标准五金件与铝材的螺钉、螺栓、自攻钉等均为不锈钢材质，射钉选用镀锌型，钢结构之间紧固螺栓、螺钉等为镀锌处理。预埋件固定螺栓要选用国标材料。化学螺栓要有设计资料和出厂合格证，并符合相关规定。

7）幕墙节能工程使用的保温挤塑板隔热材料，其导热系数、密度、燃烧性能应符合设计要求。监理人员重点控制的是保温材料的安装平整度和牢固性。

（三）干挂石材施工过程质量监理控制

1. 石材幕墙主要施工工艺

石材幕墙工程施工工艺流程监理控制一般为8个步骤，即：测量放线复核、后置件安装、立柱和横梁安装、焊接与防腐处理、防火隔断施工、龙骨架隐蔽验收、石材板块安装、用密封胶固定及清理保护等流程。

2. 测量放线成果复核

监理工程师严格复核施工单位放线精度和测量成果，要求施工单位必须按照建筑基准轴线点和固定水准点进行测量放线，对总包单位提供的轴线、标高进行复核。仔细检查主次龙骨、预埋铁件的位置、间距是否符合设计、规范要求。检查施工单位测量成果资料和测量设备年检率定证书，发现质量问题及隐患，及时口头或书面整改到位。

3. 检查后埋件安装质量

要求安装化学螺栓施工人员持证上岗。化学螺栓后埋件必须安装在结构墙面上，如特殊情况固定在砌体或其他墙体上，必须采用穿墙螺杆反向固定，并经设计认可；在化学螺栓施工完毕，经监理见证下进行拉拔试验合格后，方可进行下道工序施工。

4. 立柱、横梁安装质量控制

安装过程中对每根立柱、横梁的轴线、标高与图纸一一核对，控制其误差在设计规范允许范围内。

5. 骨架焊接质量与防腐

要求施工单位严格按设计图纸进行施工，焊接的所有焊接点必须进行除锈防腐处理并满足设计规范要求。

6. 建筑物防火隔断施工

在每层楼的楼板位置沿墙的四周设置一道层间防火隔断施工，用厚度为2mm的镀锌钢板和60mm厚的防火保温矿棉板作为材料，在剪力墙上固定镀锌钢板。另一端安装在横向角钢龙骨上。监理工程师要严格控制防火矿棉板的防火性能，监督安装质量达到设计要求。

7. 钢龙骨工程隐蔽验收

验收按照标准执行《钢结构工程施工质量验收规范》GB 50205—2001，对骨架轴线、标高与结构支撑点，横梁与立柱焊接质量进行严格验收。整体钢龙骨的纵横向都必须和楼内预留的等电位均压环，进行烧焊连接，在保证焊接质量到位的同时，监理工程师还要督促施工单位进行电阻值测试，保证达到设计防雷接地要求。

8. 石材安装质量控制

石材采取由下至上安装方法，因此第一排石材的标高、垂直度、转角部分水平垂直缝尤为重要，监理工程师在第一排施工完成时，必须严格检查，保证石材面纵横向的横平竖直，按照规范和设计要求误差必须在允许范围内。检查合格后，再进行大面积施工，加强监理质量巡查，施工中要注意石材安装，一旦发现问题及时要求整改到位。

9. 打胶、清洗、成品保护

1）打胶

石材打胶要选用操作熟练的工人进行，施工前石材所用的硅酮结构胶、A和B类胶水要经过有资质的第三方检测单位复检合格后，方可使用。监理巡查时重点查看胶缝填塞的泡沫、圆条等填充物的深度、均匀性等，胶缝成型要为凹弧型，胶面要光滑无气孔。

2）外立面清洗

打胶施工完毕后，应及时对墙面进

行清理，不得有胶残留在墙面上，影响整体效果。

10. 成品保护是对已施工完毕墙面重新进行防护，并采取相应的防护措施，保证石材墙面不发生变形、变色、污染等现象。

（四）吊篮施工中的安全控制

监理安全控制应从源头开始把关，从吊篮材质合格到吊篮安装开始到吊篮使用再到吊篮拆除的一系列监理安全控制行为，是吊篮施工安全控制的重要环节。作为现场监理工程师来说，如何要求施工单位在保证安全处于受控状态下保质保量地完成施工任务，也是重大职责之一。

1. 吊篮安装事前安全控制

监理工程师督促施工单位按照幕墙吊篮安装拆除专项施工方案要求，对现场整体吊篮的布局、架设、前端支架、大梁、后端配重、篮体、电机、控制限位开关等每一个组成部件进行安装，要严格按照方案内容及相关要求实施和架设，在吊篮安装的过程中监理工程师就要做到事前控制，对相关方案、手续、吊篮单位的企业人员资质、吊篮的材质、合格证明等一系列进行查验，合格后方可进入下道工序，搭设完毕后，组织参建的甲方、总包和幕墙分包等人员进行联合验收，验收通过后，报请第三方有资质的特种设备检验中心，进行特检，取得特检合格证明后，方可投入使用。并要求所有特种人员必须持证上岗，对所有工人进行安全交底和方案技术教育。

2. 吊篮施工事中安全控制

在吊篮施工中，监理工程师以交底形式，要求总包单位和幕墙分包单位安全员每天在开工之前，严格按照吊篮施工安全操作相关规定，对所有吊篮设备进行巡检，不放过每一个安全隐患点，从配电系统到后端安全绳、配重系统、前支架、每一道钢丝绳、每一个紧固件、螺栓，再到吊篮的上限位、安全绳、生命保护绳、电机、控制开关都要一一仔细检查到位，并形成每日巡查记录。对易磨损部位特别要重点检查。要求吊篮上不得超过 2 人施工，上、下人时必须落地。监理工程师在发现问题就及时下达监理通知要求限期整改，整改完毕后，通知监理工程师复查通过，方可恢复使用。

3. 吊篮拆除安全控制

在吊篮拆除前，要求施工单位按经批准的幕墙吊篮安拆方案的内容，做好主楼周边防护警戒工作和安全员巡视工作，拆除过程中监理工程师全程进行旁站，并形成旁站记录。

三、干挂石材幕墙工程质量验收

（一）干挂石材幕墙工程质量验收

由总监理工程师组织参建甲方、总包、幕墙分包单位参加幕墙工程质量验收，整个验收程序要符合相关规范规定。幕墙工程施工过程验评资料和相应的检测报告要认真复核，幕墙外立面的质量感官需重点检查是否符合设计、规范要求。

（二）验收应提供的主要资料

1. 设计图纸、计算书文件、设计变更文件；

2. 施工组织设计和安全专项方案、应急救援预案；

3. 各类原材料、出厂合格证明文件，硅酮结构胶相容性试验报告及幕墙物理性能检验报告；

4. 石材的放射性试验报告；

5. 施工隐蔽工程验收文件；

6. 施工安装自检记录、各类检验批记录；

7. 其他质量保证资料；

8. 吊篮相关材质证明和厂家资质。

（三）石材幕墙观感质量监理应重点检查，符合下列规定：

1. 幕墙的胶缝应横平竖直，符合设计要求；

2. 石材表面颜色均匀，色泽应与样品颜色相符，花纹图案符合设计要求；

3. 沉降缝、伸缩缝、防裂缝的处理，应保持外观效果一致性，并符合设计要求；

4. 石材表面不得有凹坑、缺角、裂缝、斑点痕迹。

结语

石材幕墙工程的质量是建设效益得以实现的基本保证，设计意图的体现；监理质量控制是确保工程质量的重要管控环节，也是决定幕墙工程成败的关键。

监理工程师在幕墙施工质量监理过程中要坚持以国家相关法律法规、设计标准为依据，结合施工现场实际条件因地制宜，总结出一套行之有效的监理质量管控措施，不断提升自身的监理能力和水平，才能履行好国家赋予监理工程师的职责。

参考文献

[1] 中国农业科学院油料作物研究所综合实验室幕墙设计文件。

[2] 金属与石材幕墙工程技术规范 JGJ 133—2011.

[3] 建筑幕墙 GB/T 21086—2012.

[4] 武汉地区建设工程监理履职工作标准. 2016. 5.

地埋换热管及水平管连接监理控制流程、要点及工艺

王森　温继革
北京希达工程管理咨询有限公司

摘　要：地源热泵空调系统是以大地为冷热源，使中间介质（水）由塑料管组成的封闭环路中循环流动，与大地进行热量的交换，从而实现建筑物的夏季制冷和冬季供暖，本文所讨论的是地源热泵空调系统中从大地交换冷热源由塑料管组成封闭环路的质量控制。

关键词：地埋换热管　水平管连接

引言

本文总结了某工程的地埋换热管及水平管连接监理控制流程、要点及工艺。某工程地埋换热管井设计总量打井13700眼，每眼井深为150m，每眼井放4根（两组）DN32PE管，分别在9个区块施工，施工完成的地埋换热管要用DN63、DN90、DN110、DN160的PE管按要求在水平管沟内作连接，然后引入检查井或管廊接入地源热泵机房。为保证施工的质量，我们在施工前做出了以下几点主要内容。

一、材料检查

进场的材料监理工程师应做材料检查工作。地埋管及管件应符合设计要求，有质量检测报告和出厂合格证。并且符合以下规定：

（一）地埋管应采用化学稳定性好，耐腐蚀、导热系数大，流动阻力小的塑料管材及管件，本工程采用双U形PE100管，管材与管件为相同材料。

（二）地埋管质量应符合国家标准的各项规定，管材的公称压力及使用温度应符合设计要求，进入现场的地埋管及管件应逐件检查，管件和管材的外观检查包括，内外壁应平整、光滑，无气泡、裂口、裂纹、脱皮和明显痕纹、凹陷；管件和管材颜色应一致，无色泽不均匀。破损和不合格产品严禁使用，宜采用制造不久的管材、管件；地埋管运抵现场后下管前进行试压检漏试验，合格后下管。

（三）应检查管材和管件外径及壁厚。管材和管件应按抽检要求委托有资质的检测单位进行检测，检测项目有20℃静液压强度、纵向回缩率、断裂伸长率。厚度检查按《地源热泵系统工程技术规范》GB 50366-2009。

二、地埋管井

（一）地埋管井工程质量控制流程图

为更好地控制地埋管井施工质量监理，作出工程质量控制流程图，如图1所示。

（二）地埋管井施工监理控制要点

1. 监理对区块已给的轴线标高进行复测，记录本区块场地高程。

2. 监理对垂直度控制在不大于1.5%m。

3. 检查打井深度，合格进入下道工序，不合格整改。

4. 对将要下井的PE管检查，打压1.2MPa，15min稳压后压降不大于3%

可进入下道工序，否则更换管材。

5. 对下管长度检查，达到要求进入下道工序，下管长度达不到要求，拔出重新下管，未达到图纸要求又不能拔出，记录管井号及长度进入下道工序。

6. 检查限位装置长度，合格进入下道工序，不合格整改。

7. 检查原浆回填孔位，回填合格本孔完成下管施工全过程，不合格对孔位继续回填。

（三）监理对地埋换热管的控制工艺

1. 监督总包单位对各个区块的技术负责人进行技术交底，交底项目为地埋管施工工艺及地埋管施工过程中高程控制措施。

2. 施工前要求施工单位人员对孔位坐标、孔位标高进行测量，并做好文字记录，负责本区块的监理人员进行抽测复核。

3. 限位器制作标准，根据场地高程的不同，按限位器长度计算公式，计算出限位器长度，制作不同长度的限位器，以保证管子有效长度的最高点在同一标高。

4. 将限位器固定以防止放入井内的垂直换热管上浮。

5. 要求总包单位在限位器拆除时，对不同场地高程的限位器长度逐个测量检查并记录。

6. 负责本地块的监理工程师对本地块当天或昨天完成的地埋管限位器长度进行测量抽检。

7.PE 管下管前试压

竖直地埋管换热器插入钻孔前，应按设计要求作第一次水压试验，试验压力为不小于 1.2MPa，稳压至少 15min，稳压后压降不应大于 3%，且无泄漏现象。

8. 下管后试压

将其管口热熔密封后，在有压状态下，插入钻孔，完成灌浆之后，应按设计要求作第二次水压试验，试验压力为不小于 0.6MPa，稳压 30min，稳压后压降不应大于 3%。

9. 连管前试压

连管前应按设计要求作第三次水压试验，单个换热管采用 0.6MPa 水压试验，稳压 30min，稳压后压降不应大于 3%。

10. 每个区块在打前 3 个管井要请建设单位、监理单位及施工单位的技术质量负责人在现场对施工的全过程（管材打压、打井深度控制、带压下管、管材封堵及下管限位）进行点评，同时认可达到设计要求方可大范围以此为样板井展开施工。

三、水平管连接工程

（一）水平管连接工程质量控制流程图

为更好地控制水平管连接施工质量监理，作出水平管连接工程质量控制流程如图 2 所示。

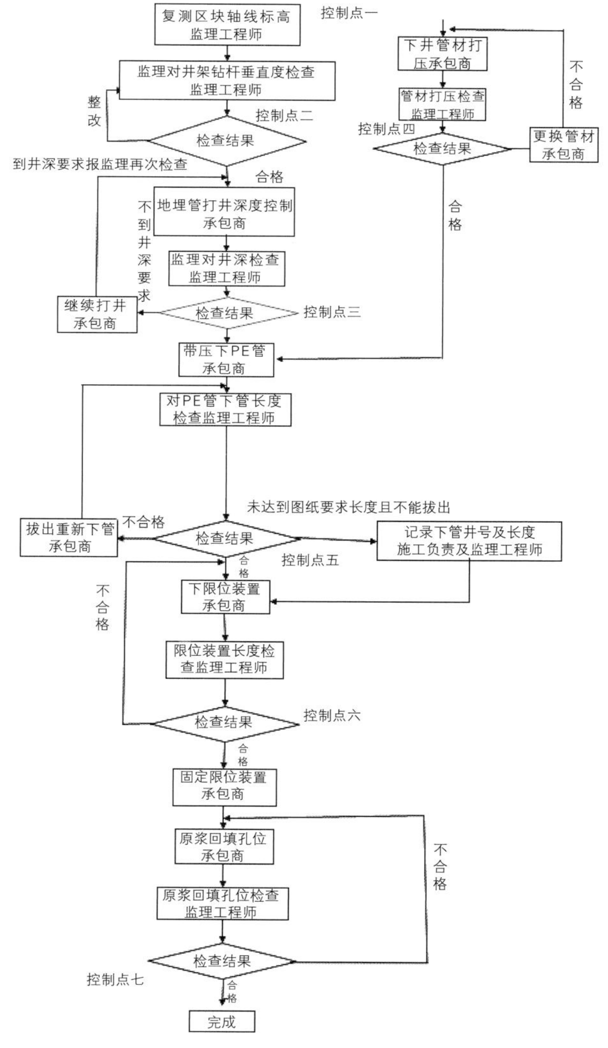

图1　地埋管井工程质量控制流程图

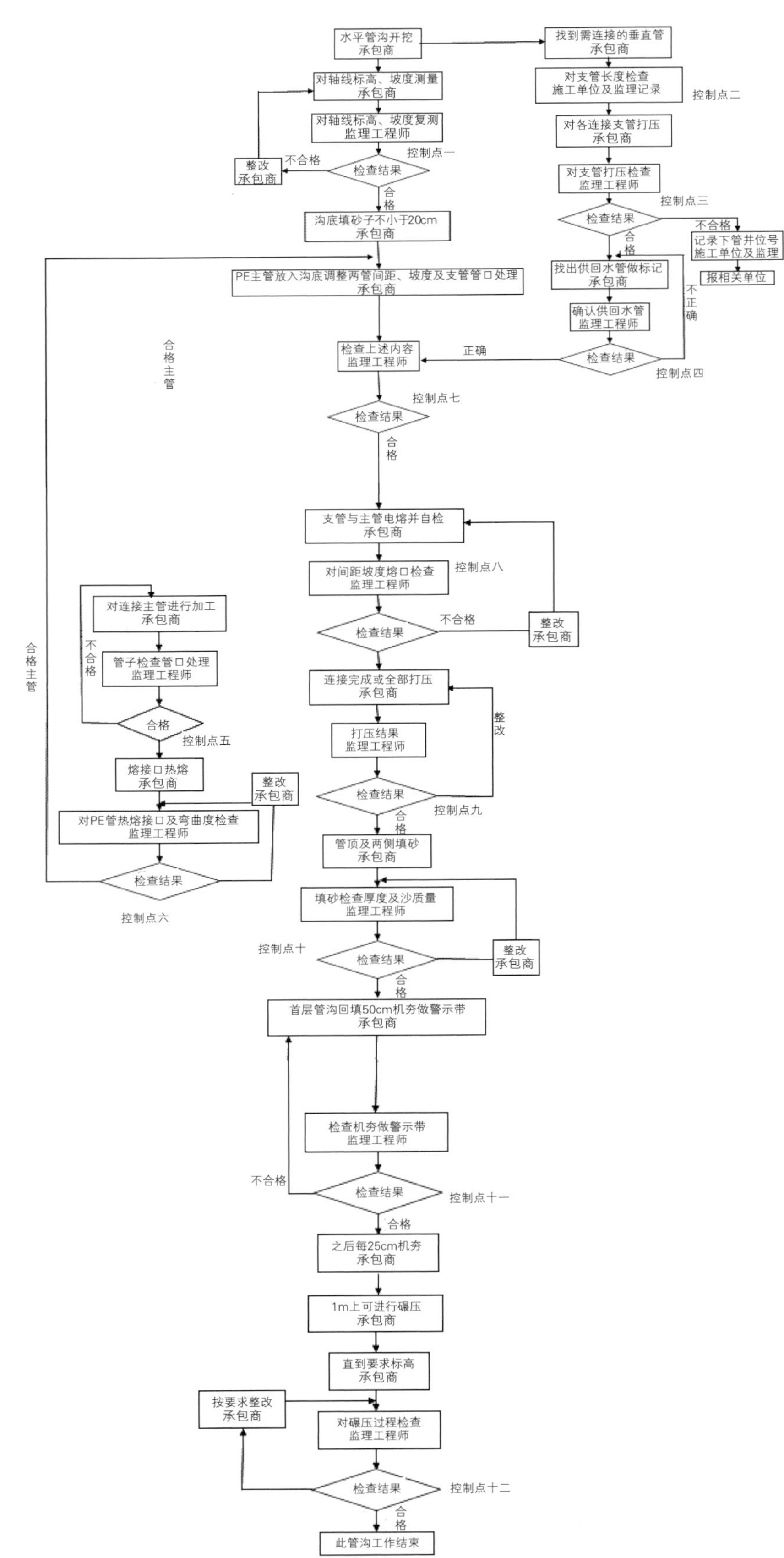

图2　水平管连接工程质量控制流程图

（二）对水平连管施工监理控制要点

1. 对轴线标高、坡度复测，机械开挖时，留 10cm 土层采用人工清理，保证底部平整。

2. 对支管长度检查，对挖出的支管长度施工单位及监理共同检查在记录表签认。

3. 对要连接的支管打压 0.6MPa 稳压 30min，合格进入下道工序，不合格记录下管井位号，报相关部门。

4. 对打好压的两组供回水管找出相应的供回水管路，并做好标记，正确进入下道工序，不正确由施工单位负责整改。

5. 对主管进行加工处理管口，合格进入下道工序，不合格由施工单位整改。

6. 对 PE 管热熔口不同心度及弯曲度检查，热熔翻边基本一致 2 ~ 4mm，不同心度不得大于壁厚的 1/15。

7. 监理对放在管沟内的主管检查管间距 800mm，坡度 0.002，对支管管口进行处理，合格进入下道工序，不合格整改处理。

8. 对支管与主管熔口进行检查，检查熔口是否与管件充分熔接，检查熔接两侧小孔判断熔口质量。

9. 对管沟主管不小于 0.6MPa 打压 30min 压降不超过 3% 为合格，进入下道工序，否则查找漏点处理重新打压。

10. 管顶及两侧填砂，管顶砂应不小于 20cm，检查结果合格才允许其他土质回填。

11. 检查 50cm 回填机夯及敷设警示带。

12. 对碾压过程检查，对不按要求未分层碾压的管沟，停止施工进行整改。

（三）监理对水平连管施工控制工艺

1. 监督总包单位对水平管连接施工人员进行交底，交底项目为水平连管工艺、水平连管高程及水平连管放坡要求。

2. 请 PE 管热熔、电熔设备提供厂家的技术人员来现场教授如何正确使用设备做 PE 连管。

3.DN63 以下全部采用电熔连接，大于等于 DN63 采用热熔连接。

4. 预制管道，管道、管件热熔对接要求连接紧密，连接同心、电熔翻边规范，电熔套筒连接处要求管道与管道、管件与管道接触密实，垂直规范。

5. 热熔承插安装

1）用管剪根据安装需要将管材剪断；

2）在管材待承插深度处标记号；

3）将热熔器加温在 220℃以内；

4）同时加热管材、管件，然后承插（在加热、承插、冷却过程中禁止扭动）；

5）自然冷却，一般至少在 5min；

6）施工完毕经试压验收合格后方可埋入土中投入使用。

6. 热熔对接安装

1）将需要安装连接的两根 PE 管材同时放在热熔器夹具上（夹具可根据所要安装的管径大小更换夹瓦），每根管材另一端用管支架托起至同一管平面；

2）用铣刀分别将管材端面切平整，确保两管材接面能充分吻合；

3）将电加热板升温到 220℃，放置两管材端面中间，操作电动液压装置使两管材端面同时完全与电热板接触加热；

4）抽掉加热板，再次操作液压装置，使已熔融的两管材端面充分对接并锁定液压装置；

5）保持一定冷却时间松开，操作完毕；

6）施工完毕，须经试压验收合格后，方可埋土投入使用。

7. 开挖水平管管沟要放坡，由于是砂类土放坡，要求为 1：1。

8. 机械开挖时留 10cm 土层采用人工清理，保证底部平整，边清沟底边用水平仪测沟底标高。

9. 在管道运输过程中注意端口的保护，防止砂土石子进入管内。

10.DN32 支管套筒连接要求有裕量，原则上钻孔完成 7 天后进行水平支管连接，如遇工期紧张区域，不足 7 天的要求裕量加大。

11. 找出要连接的支管，检查长度做好记录，找出供回水管并做好标记，正确接到预制管道供回水主管。

12. 电熔连接

1）将 PE 管材完全插入电熔管件内；

2）将专用电熔机两导线分别接通电熔管件正负极；

3）接通电源加热电热丝，使内部接触 PE 管熔融；

4）自然冷却；

5）施工完毕经试压验收合格后方可埋入土中投入使用。

13. 水平管连接前各个管口需要封堵保护，不允许有泥沙进入，连接时确保管道内清洁。

14. 在管道连接时，首先用洁净锋利刀片将要热熔或电熔的管口刮干净，确保管道连接的严密性。

15. 如垂直管到立管长度不够，可进行接管，接的管道要求清理并两头有管帽做好密封，不允许泥沙进入。

16. 每个环路连接完成后，在管口进行打压，打压用水要求水清砂净，在不小于 0.6MPa 试验压力下，稳压观测 30min，不渗不漏无破裂，压力下降不超过 3%，即为合格。

17. 管沟回填在管底铺细砂 20cm，管周边回填相同细砂，管上回填 20cm 细砂，其余原土回填。首层管道沟水平管上 50cm 处采用机夯管顶 50cm，检查警戒带，之后每 25cm 用机夯夯实 1m 以上才可进行碾压，要求碾压夯实。

18. 每道水平管沟施工各个工序关键点留影像资料。

19. 把每个区域第一条水平管沟作为样板沟，要由建设单位、监理单位及施工单位的技术质量负责人在现场对施工的全过程（开挖深度、连管坡度、连接口质量、打压情况、管间距、砂层厚度、回填碾压方式等）进行点评参与检查相关单位同时认可达到设计要求，方可大范围以此为样板沟展开施工。

20. 现场点评要形成点评纪要，纪要由监理单位书写，时间、地点、参加人、点评内容。

21. 在水平管连管施工过程中，要求每个控制点施工单位严格执行三检制，自检、互检、专检，合格后才能报监理，监理验收合格才允许进入下道工序。

结语

在施工过程中，现场监理应严格按照施工图纸要求及监理的控制要点进行检查，做好隐蔽工程旁站监控，确保工程质量。地源热泵作为可再生能源和清洁能源，有着广阔的前景，本文抛砖引玉，可为有类似施工的项目作借鉴。

浅谈既有建筑工程加固改造技术的应用与控制

陈士凯
浙江江南工程管理股份有限公司

一、工程背景

工程位于贵阳市云岩区延安中路，建筑面积为 18600m^2，建筑高度 79m，地上 22 层，地下 1 层，工程建于 1993 年，为框架—剪力墙结构。加固原因是建筑用途发生改变，工程局部楼面荷载增加，且原结构多处出现钢筋锈蚀、混凝土表面裂缝、楼板厚度不足等原因使建筑结构受力削弱，故对可靠性不足或需提高可靠度的承重构件采取增强、局部更换等措施，使其符合现行设计规范及业主所要求的安全性、耐久性和适用性。加固工程范围：三层、四层预留档案室既有混凝土梁加固，一层至十九层改造成卫生间的新增梁及既有混凝土梁加固，二层至十九层板面新增叠合板、局部板底梁面露筋采用高强聚合物砂浆和碳纤维加固工程等。

二、工程重难点分析

由于本工程建筑年代久远，建筑工程技术资料的保管不善，导致工程的建筑信息缺失，局部加固设计信息通过现场勘探和质量鉴定进行确定，对工程信息的准确掌握存在一定误区；其次因工程建设为 20 世纪 90 年代初，工程质量的可靠度低，楼板多部位出现 50~60mm 的薄板，故需对原有楼层面进行新增叠合板施工，且梁板底多处出现较为严重的漏筋、锈浊等现象，造成高强聚合物砂浆的修补以及碳纤维布的粘贴量非常大；再次工程的外部造型复杂多变，立面为曲面扇形，增大截面梁的位置呈现繁杂多样。因此，信息不准、任务繁重、环境复杂、时间紧迫等诸多不利因素均成为工程重难点。

三、开工前的施工准备

（一）做好开工前的图纸会审。监理工程师对施工图进行详细的审查，重点审查设计说明中相关条款规定以及图纸中的节点做法是否满足《混凝土结构加固设计规范》GB 50367—2013 以及建设工程强制性规定，图纸之间是否存有矛盾，加固设计与现场状况是否吻合等，另根据现场施工环境结合工程经济性进行监理合理化建议，将三层、四层原 H40 高强灌浆料增大截面梁调整为粘贴碳纤维布，对问题进行归集并参加设计交底及图纸会审会议。

（二）做好专项施工方案的审核。监理工程师督促施工单位应根据施工合同、设计图纸、国家及行业颁发的规程、规范和标准，结合自身资源状况及同类工程施工经验进行编制《建筑加固工程专项施工方案》。对方案中涉及加固材料的选择、工艺流程的确认、施工工法的确定等作为重点审核对象，审核是否满足设计要求，是否具有科学性、可行性和可操作性，是否违反国家强制性条文规定，经总监理工程师批准后作为工程的施工依据。

（三）做好监理实施细则的编审。监理实施细则是指导项目监理工作的重要性指导文件，根据《建设工程监理规范》GB/T 50319—2013 规定，监理工程师应根据施工图纸、专项施工方案、技术规范等及时编制监理实施细则，经总监审核后作为监理工作依据，并组织相关监理人员进行监理工作交底，明确监理工作内容、程序以及控制要点，使其掌握加固工程的监理控制措施，做到标准清晰明确，措施控制合理，确保监理工作能够循序渐进地展开。

（四）做好施工人员的技术交底工作。结构加固工程的施工质量对既有建筑所起到的重要性是不言而喻的，为了更好地满足加固工程的使用要求，满足设计及验收规范，作为施工单位建立一支专业的、高素质的施工队伍是行之有效的途径。在工程施工前，督促施工单位针对图纸的设计理念、施工环境、操作标准、工艺流程、验收标准等进行技术交底，使其掌握加固施工的各项操作技能及验收标准，为加固工程的质量控制奠定坚实基础。

四、施工过程的监理控制

（一）楼层叠合板的工艺控制

1. 基层处理

将原混凝土楼层面上的抹灰装饰层、尘土、浮浆、污垢、油渍等采用刨光机进行刨除处理，对混凝土构件应剔除其风化、剥落、疏松、起砂、蜂窝、麻面等缺陷至露出骨料新界面，然后对表层削落的混凝土建筑垃圾进行清除，再用清水冲洗干净，保证施工楼面的干净整洁。

2. 植筋

根据设计图配筋位置且避开原结构钢筋进行定位，采用电锤钻孔，钻头直径比钢筋直径大 4~7mm，钻孔时要保证钻孔与原结构面保持垂直，深度为 15 天，钻孔完成后采用压缩空气吹孔两次，吹出孔内浮尘。监理重点对植筋钻孔深度、孔径进行随机抽查 5% 且不少于 5 根。验孔合格后取双组份植筋胶装进套筒内，安置到专用手动注射器上，将螺旋混合嘴伸入孔底并慢慢扣动扳机，扣动注射器慢慢后退使孔内空气排出，当孔内注胶达到孔深 2/3 时停止注胶，把经除锈的钢筋放入孔内慢慢单向旋入至孔底，此时应有胶液从孔口溢出。胶体在常温下即可固化，固化时间应遵从技术规定，固化后依据《混凝土结构后锚固技术规程》JGJ 145—2013 进行植筋抗拔力检测，经检测，所植钢筋抗拔承载力满足抗拔力检测要求。

3. 钢筋绑扎

由于加固梁的位置及配筋复杂，钢筋绑扎前，应核对下料钢筋的型号、规格是否与配料单相符，为使钢筋安装正确，应先划出钢筋位置线，安装时应注意搭接位置及焊接长度，施工时垫设足够数量的垫块以保证钢筋保护层厚度。封模前监理重点检查：1）钢筋的型号、规格、间距是否符合图纸设计；2）接头位置及焊接长度是否满足验收规范；3）钢筋保护层厚度是否符合要求。

4. 弹水平控制线、做灰饼

根据楼层标高，在墙面上弹出 1m 水平控制线，然后往下测出新增叠合层的水平控制标高，拉线用细石混凝土做成 50mm×50mm 的灰饼，间距以 2m 为宜。

5. 浇筑细石混凝土

先将基层洒水润湿，C35 细石混凝土浇筑由一端向另一端连续铺设，采用平板式振捣器振捣，做到不漏振不欠振。表面收光分 3 遍进行，第一遍用刮杆轻轻抹压面层，保持表面略高于灰饼，保证叠合板的平整。当混凝土开始初凝时，即面层上有脚印但踩下去不下陷时，用磨光机进行第二遍抹压，将砂眼、凹陷、脚印填实压平。在混凝土终凝前进行第三遍收光，用铁抹子对所有脚印、抹纹等表面瑕疵进行收光压平，使面层达到密实平整效果。

6. 养护

细石混凝土浇筑 24h 以内要及时洒水养护，每天洒水两次，若天气干燥，水分散发快，应增加洒水次数，使叠合层混凝土在湿润环境下硬化，在常温下养护时间不少于 7 天，养护期间不得随意进入。

（二）粘贴钢板的工艺控制

1. 粘贴区域混凝土表面处理

依据设计图要求并结合现场量测定位情况，首先在粘贴加固补强梁底部表面放出钢板位置大样，然后再用砂轮清除表面浮浆及混凝土劣化层，剔除表层松散混凝土，最后用压缩空气吹净表面粉尘，再用二甲苯将表面擦拭干净。

2. 钢板加工与粘贴面的处理

首先对 5mm 厚的粘钢板进行切割拼接，拼接采用斜接，即接口做成 200mm 宽斜边焊接，焊条采用 E43 焊条双面满焊。由于本工程梁跨度较大，经常出现两道焊缝接口，故对在支座端 1/3 梁净跨度之外的接口部位弯矩较大，采用在焊缝处再焊接一块钢板的方法进行补强，然后对钢板粘贴面用磨光机作除锈和粗糙处理，打磨纹路与钢板受力方向垂直，最后用脱脂棉沾二甲苯将粘贴面擦拭干净。

3. 钻孔埋设膨胀螺丝

膨胀螺丝距粘贴钢板端部的距离应控制在 5~10mm 之间，采用直径 8mm 膨胀螺丝进行固定，间距为 500mm，呈现梅花形布置。钻孔前应查明原构件中钢筋分布情况，避免钻孔时伤及钢筋，孔径和孔深需严格按照图纸要求进行施工。

4. 配胶粘钢

根据施工使用量按产品使用说明书进行现场配制 JGN 结构胶，将配制好的结构胶用抹刀涂抹在已处理好的混凝土粘合面，为使胶能充分浸润、渗透、粘附于粘合面，宜先用少量胶在粘合面来回刮抹数遍，再添抹至所需 1~3mm 厚度，中间厚边缘薄，然后将钢板贴于粘合面。当钢板粘合后加垫片紧固螺母，交替拧紧各加压锚栓，使多余的胶沿板缝挤出，达到粘贴密实，压力保持在 0.05~0.1MPa。钢板经固化 24h 后，监理人员应采用手锤沿粘贴面轻敲钢板检查饱满度，如无空洞声表明粘贴密实，若粘钢的固化空鼓率≥ 5% 时，则督促施工单位在钢板空鼓处重新打孔并用针筒灌胶或采取剥下重新粘贴。在常温 20℃以上时，24h 胶液即可固化，3 天后即可受力使用，固化期间不得对钢板产生任何扰动。

5. 表面防护

JGN 结构胶固化结束并验收合格后，为保护钢板不受腐蚀，首先应对钢板涂刷防锈漆两道，然后再粉刷 20mm 厚 1∶3 水泥砂浆作表面防护处理。

（三）碳纤维布粘贴的工艺控制

1. 表面处理

由于楼层板底、梁底多处出现露筋问题，根据图纸设计要求，首先对缺陷部位进行打磨，打磨范围以每边宽出修补部位 200mm 为准，对剥落、疏松的混凝土进行凿除，直至露出混凝土新结构面层，其次对凹陷部位进行喷水湿润，采用 M30 高强聚合物砂浆进行修补，在聚合物砂浆具有一定强度后，再对修补砂浆的表面进行机械打磨，对锈蚀钢筋进行表面除锈，最后用吹风机将表面灰尘吹除干净。

2. 粘贴碳纤维布

根据生产厂家提供的工艺规定配制成浸渍树脂胶并均匀涂抹于打磨混凝土的粘贴面，按 1T–100@200 设计要求将 0.167mm 厚碳纤维布裁剪成需粘贴的长度用手轻压贴于刷胶部位并控制好粘贴间距，再用专用的滚筒沿纤维方向多次滚压并排除气泡，使浸渍树脂能充分浸透碳纤维布，滚压时不得损伤碳纤维布。对于粘贴碳布法的加固梁则在梁棱角处用机械打磨成 25mm 的圆弧，在梁外表面同样进行机械打磨，直到露出新混凝土面层，再按梁底碳布 2 层同梁宽，1U–100@200 做 U 形箍，两侧 1Y–100 做压条的粘贴顺序进行施工，粘贴方法同上。为便于后续保护层的抹灰，在碳布表面均匀涂刷浸渍树脂，在浸渍树脂未干时撒适量粗砂进行糙面处理。

3. 检验、防护

碳纤维布粘贴完成 24h 后，监理人员用手锤轻敲击碳布，从声响以判断粘贴固化效果，若碳布的固化空鼓率 ≥ 5%，则表明粘贴无效，应督促施工单位进行压力注胶进行补强或剥除后重新粘贴。根据验收规定，需对碳布粘贴作抗拔承载力检验，经对粘贴的碳布进行原位抗拔承载力检验，抗拔承载力满足 2.5MPa 的检测规定，经验收合格后，准许粉刷 20mm 厚 1∶3 水泥砂浆进行防护。

五、技术与经济分析

根据加固工程的施工效果、合同工期及建筑经济性问题，结合工程所处的复杂环境，监理人员建议对三层、四层加固梁由原 H40 高强灌浆料增大截面梁法调整为粘贴碳纤维布法，经设计人员对既有梁不增大截面情况下进行内力计算，粘贴碳布完全能够满足加固梁结构受力要求，经业主同意后进行加固梁的设计变更，共计 24 根。根据投标清单进行经济分析：

梁号	原尺寸（mm）	根数	加固体积（m^3）	灌浆料造价（元）	碳布造价（元）	差额（元）
JKL1	500×400×5800	5	3.65	11315.00	11136.00	–179.00
JKL2	600×400×6200	3	2.65	8215.00	8332.80	117.80
JKL3	400×350×4000	7	4.48	13888.00	9408.00	–4480.00
JKL4	500×350×5500	9	6.21	19251.00	18216.00	–1035.00
合计		24	16.99	52669.00	47092.80	–5576.20

通过上表经济分析，在满足结构安全使用的前提下，经优化设计方案后单项工程造价降低 5576.20 元，降低费率达 10.59%，由于碳布粘贴比增大截面梁的工序简单，工艺操作时间短，碳布粘贴工期比增大截面梁工期缩短约为 6 天，且楼层的净空高度也未因此降低。因此，结构加固梁采取碳布粘贴设计优化在技术上无疑是可行的，也获得较好的社会与经济效益。

结语

本案通过对原设计方案进行合理优化，极大提升了加固工程的使用空间和经济价值，保证了既有建筑能够长久造福于人类社会的长远发展需要，充分体现了监理工程师的专业性、技术性和服务性，也为建筑加固改造技术的不断完善提供有益的经验积累。既有建筑的加固改造为促进旧城区改造、提升城市景观，建设资源节约型、环境友好型社会起到引领示范作用，其势必成为 21 世纪最为热门产业，市场应用潜能将得到迅速释放，并迎来充满生机勃勃的广阔前景。

参考文献

[1] 张鑫，李安起，赵考重．建筑结构鉴定与加固改造技术的进展 [J]. 工程力学，2011.
[2] 范世平，孔广亚．建筑物加固改造技术的发展与应用 [J]. 煤炭科学技术，2007.

关于特高压线路工程建设监理创新要点分析

鲁金波
湖北环宇工程建设监理有限公司

一、工程建设中，实行监理项目部成员常驻现场，积极发挥监理部团结协作与尽职尽责的优良作风，以标准化建设为基础，以精细化管理为手段，超前策划、高效协调、创新管理，工程现场管理水平全面提升。

（一）强化策划引领。在工程前期，与业主、施工单位研讨研究制约工程推进因素，明确关键时间节点要求，系统提出施工组织、人员配置、资源投入、管理要求各项推进措施，为施工组织设计提供依据及参考，保证工程有序推进。

（二）创新管理策划。以往特高压线路工程存在信息报送不及时、档案整理不规范、安全文明施工管理不到位等现象，针对这些问题，开工前做好创新策划，实施“三化三领先”的管理措施，即实施“管控信息化、档案数字化和全面标准化”的三化管理措施，确立“建设进度、质量工艺、管理水平”三领先目标，建立工程进度“日汇报”“周分析”“月协调”机制，及时报送工程信息，协调化解工程建设中的问题，做到“小事不过夜，大事早着手”。建立档案资料月度检查制度，联合业主对施工单位产生的档案资料每月进行检查，按照档案移交要求，在分部工程开工前编制档案预立卷，做好原材料跟踪、取样送检台账，完善施工机械进出场、工器具领用记录。监理部编制施工单位资料报审台账，定期核查施工单位资料报审的全面性、正确性。督促施工单位严格按照安全文明施工费使用计划执行，根据施工单位安全文明设施的投入建立台账，报审安全文明施工费时仔细核对，与台账一致方可签字确认，保证安全文明施工投入到位，确保了工程建设平稳有序向前推进。为工程建设顺利推进提供坚强有力的组织保障。

（三）延伸管理触角。针对不同工程的特点，执行的工作制度方法亦不相同。例如针对工程点多、面广的时候，建立现场管理微信群，实行“微信现场管理”，要求监理人员每天上传巡检照片、视频，项目部管理人员线上会诊查问题、找亮点，第一时间掌握一线施工情况，可使现场精细化管理水平大幅提升。

二、坚持“安全第一、预防为主、综合治理”的工作方针，反复查、查反复，全面覆盖，不留死角，不留下任何一个隐患。

（一）明确安全管控要点。针对危险性较大的分部分项工程，如跨越公路、高铁、电力线路和临近电力线路施工等，从风险复测—方案审查—现场实施监督—工序验收，形成一套系列的监理控制措施，明确监理的方法、措施和控制要点，保证现场检查有针对性，强化现场安全管控。

（二）安全管理痕迹化。依据工程施工阶段特点，编制专项检查记录表，对各项检查验收等进行记录，并形成检查台账，留下管理痕迹，具备可追溯性。

（三）强化人员到位履责。按照“抓人员这个关键，抓关键岗位人员”的原则，严明工作纪律，同其他项目部人员深入交流，确保重大风险作业期间业主、监理、施工项目部关键岗位人员全程到位。

（四）建立风险预警机制。在四级及“三跨”作业时下发风险预警单，并密切关注天气情况，及时下达恶劣天气预警通知，提出风险预控措施，将隐患在施工前进行治理，保证现场施工、安全工作的顺利开展。

三、弘扬“精益求精，追求卓越”的工匠精神，加强质量行为追溯管理，为持续提升工程质量水平提供坚强保障。

（一）实行监理高空旁站。部分线路工程为保证本工程质量可控在控，实现工程质量目标的要求，推行高空压接监理旁站。在高空压接时，高空监理人员登塔旁站，对洗管、量线、裁线、穿管、压接、去飞边等工作进行严格监督及现场指导，保证了后期验收未发现压接质量问题。

（二）提升开箱检查比例，严把质量关。为保证原材料质量过关，监理部将甲供材料开箱验收比例提升至100%，并就每次开箱发现的问题组织各生产厂家和参建单位召开开箱检查总结会，通报存在的问题，协商解决措施，保证了甲供材料满足现行规范的要求，为后期施工解决材料返厂、质量消缺等问题，节约了工程建设时间。

（三）推行“样板引路、示范先行”。基础、组塔、架线分部工程施工前，督促施工单位进行全员交底，对样板施工过程进行关键点拍摄，形成样板影像资料。监理部进行检查验收，总结经验、查找不足，通过样板引领、以点带面，带动工程质量水平整体提升。

（四）加强工程安全质量，实行小区段验收“放行”制度。针对工程放线区段多、重要跨越多的情况，在导地线架设前监理初检基础上，增加小区段验收转序环节，对铁塔消缺工作开展“精准”验收，经验收通过后方可“放行”至架线环节工程，切实提高了架线质量水平。竣工验收阶段，按照“具备一段、申请一段、验收一段”原则，实现分区段开展，并利用无人机和高空走线相结合全程配合验收。竣工验收中，将监理初检比例提升至100%，绝大部分缺陷在监理初检后完成整改闭环，避免了后期集中消缺困难。

四、做好监理人员的培训交底工作。

在工程建设过程中应不断根据现场实际需要，结合实际情况，了解各监理人员的学习目的。收集和整理员工的培训意愿，合理安排培训学习机会，做到有针对性，喜闻乐见。并倡导人员自学，物尽其用，人尽其才。收集监理人员的学习需要，以项目部为标准，发放相关的学习素材，倡导监理人员业余时间进行自学，鼓励学习，通过让大家看清自我提升与以后的发展空间相挂钩，以此鼓动和带动大家的学习性。

五、时刻贯彻上级文件要求，细化分解落实责任。

在建设过程中，要及时收集上级传达的精神及要求，针对所提出的要求，层层分解细化，并宣贯至每个监理人员，严格落实上级要求，把工作做好做细。针对国网公司狠抓人员到岗到位情况，监理部应根据现场情况配备足额人员，并合理进行人员安排，保证每个危险作业点都能管控到位。

六、工作中应结合实际，勇于创新。

在电网建设发展过程中，技术与管理不断创新及改革。我们应完成相应的监理单位管理创新。所谓创新，是指在原有的监理管理模式上进行的改变，在当今复杂的监理环境下，固有的一套监理管理办法可能有些老旧，所以在各方面有针对性的作出一些创新，以适应日趋苛刻的工程建设要求。

七、在工程监理中应通过各种方法有效规避风险，明悉合同条款，制定专项措施。

应明悉合同中关于监理单位责任划分和追究的条款，有针对性地提出管控措施，在施工过程中按制定的措施严格管控。规避监理责任风险的最好方法就是杜绝风险。基本风险控制原则如下：

1. 监理过程资料一定要保留齐全，包括施工单位报审的资料，尤其是下发的通知单、停工令。监理管控过程中，必须做到痕迹化管理，建立各项管理台账，对每项工作都应有记录和照片为依据，对日后可能发生的风险事故起到规避证实作用。

2. 对于会议协商不能接受的内容，如缩短工期，必须将监理项目部意见在会议纪要中明确。

3. 只有现场安全、质量管控到位，才能从根本上规避监理风险。在监理过程中，积极开展隐患排查工作，将风险消灭在源头。针对每一项工作、每一道工序，无论是安全、质量、环水保管理都应验收合格后方可放行进入下道工序。

工程管理的各项工作都是非常重要的，要把握好各个阶段的工作要点，各个阶段的注意事项。在做好安全质量的前期下为保持工程的良好形象，确保其经济效益，不断创新工作方法也显得尤为重要，结合前人的经验教训，不断加强我们的方式方法，使工程更圆满地完成。同时不断创新，时代不断更替发展，我们需要紧跟发展的步伐，新技术新方法也将在我们的实践和努力中不断发现。

浅谈高支模的控制要点

郑洋洋

山西协诚建设工程项目管理有限公司

摘　要：近年来，随着中国城市化进程的加快，城市用地不仅越来越紧张，而且地价也有了非常明显的提升。在这样的大环境下，开发企业为了进行用地成本的控制，积极地进行高层建筑开发，因此现阶段的城市建筑，高层建筑所占的比重在不断增加。高层建筑的发展虽然在一定程度上缓解了地价上涨和用地资源紧缺的问题，但是由于高层建筑的技术要求高、施工难度大，高层建筑的质量问题成为建筑探讨的重要难题。从目前的分析来看，要进行建筑质量的提升，必须要利用科学先进的施工方法，而在不断的实践中发现高支模施工在高层建筑当中有着比较好的利用价值，所以积极的分析十分必要。本文就高支模施工技术在高层建筑施工当中的有效运用进行探讨，目的是要强化此种施工技术的利用效率。

关键词：高架支撑　论证　安全

科学技术一直在不断发展，土地利用率成为国民建设中的重中之重，高层建筑开始大规模地出现，建筑工程开始更加全面地发展，同时也促进了高支模施工技术的发展。高支模施工与普通的工程施工技术是有很大不同的，它挑战难度较大，技术特点相对较为鲜明，有着更高的施工技术要求。安全是施工现场的重中之重，高支模有重大安全隐患，所以作为监理人员要深入研究和学习该项技术，不放过任何一个安全隐患。

一、何谓高支模?

高支模系统和高大模板支撑系统是高支模的总称，它属于模板支撑，其实就是用钢材搭建一个主体框架，装上模板，完成混凝土浇筑或者有助于其他工作的一项施工技术。高支模施工技术在应用过程中得使用大量的钢材，并且它的应用是要建立在建筑的高荷载能力和大跨度建筑结构的基础之上，施工中的高度较大，并且技术难度相对较高，所以它的危险性也比较高。在进行具体施工时，施工单位必须制订科学的施工方案，并交由相关监管部门进行审核，审核通过后方可开展施工。技术的相关设计人员要注重施工方案和连接设计的不断完善和改进，并做好相应的监督和管理，同时要制定相应急救援预案和必要的安全措施，保障工程的顺利施工。高支模施工技术在城市高速发展的同时也获得了广泛的发展，我们在应用过程中必须把控好其安全性及经济性。根据《危险性较大的分部分项工程安全管理办法》（建质〔2009〕87号）规定，水平混凝土构件模板支撑体系高度超过8m或跨度超过18m，施工总荷载大于15kN/m^2，或集中线荷载大于20kN/m的模板支撑体系均属于高大模板工程。

施工单位应当在高支模工程施工前编制专项方案并组织专家对专项方案进行论证。

二、工程实例

（一）工程概况

商办楼A、B、C座，C座共4层，C座11~13轴/C~E轴之间扶梯位置由负一层贯通至四层，形成27.5m高的镂空结构，四层结构板板厚120mm，四层镂空结构位置的梁为井字梁（梁截面为500mm×1100mm、400mm×900mm）。

拟在三层地面标高位置，沿南北方向在镂空结构位置搭设间距为373mm的16#工字钢（局部间距有调整），并在三层顶镂空结构边梁上预埋Φ16圆钢拉环，用于拉结搭设的工字钢，预埋环间距2m，南侧边梁9个，北侧边梁9个，共计18个预埋环。然后在工字钢上搭设扣件式钢管满堂支撑架，满堂架支撑架立杆间距0.9m，横杆步距最大为1.5m。

四层镂空架体与同步搭接的四层其他部位满堂架体连接为一体。梁底按照宽度辅助配套增加立杆，采用扣件式钢管支撑架体，增加立杆排数按照梁宽确定，框架柱采用型钢工具式加固件，所有构件模板全部采用木胶合板模板。

（二）材料选取

1.16#工字钢、14#钢丝绳、13mm厚木胶合板、38mm×88mm方木、ϕ48mm×3.0mm钢管（承插式）ϕ48mm×2.8mm钢管、扣件（对接扣件、旋转扣件、直角扣件）ϕ14mm螺杆、框架柱型钢加固件、蝶形卡子、铁钉、铁丝、脱模油、宽胶带纸、弦线、钢丝网、预埋件。

2.进入现场的主要构配件须有产品质量合格证，供应商应配套提供钢管、零件、铸件、扣件等材质、产品性能检验报告。构配件进场后重点检查以下部位质量，钢管壁厚不得小于3.0mm、焊接质量、外观质量、各种扣件外观质量（包括不得有锈迹、裂纹、气孔等及拧紧力矩达到要求时的外观质量）；可调托座丝杆直径为D38，可调范围为0~600mm等。用力矩扳手抽检扣件拧紧力矩，扣件拧紧力矩不应小于40N·m，且不应大于65N·m。

（三）施工技术

1.架体纵横距与步距参数

顶板模板架体采用扣件式满堂支撑架，设计尺寸沿井字梁方向立杆纵距0.9m，立杆横距0.9m，架体通过结构梁时局部采用0.8m横杆调整过渡。从三层工字钢（木架板上）往上200mm开始设扫地杆，向上步距依次为1.5m、1.5m、1m、0.62m（距三层结构顶板底部），四层从结构地面扫地杆距地200mm，向上依次为1.5m、1.5m，最顶端设置一道纵、横向横杆连接。

立杆上端采用可调顶托顶撑主龙骨双钢管48mm×2.8mm。工字钢横向拉结采用扣件式钢管垂直于工字钢固定，工字钢两侧均采用扣件固定牢固，横向拉结钢管间距2m一道。

镂空结构位置工字钢布置图（间距373mm，局部149mm、597mm）；18m工字钢（两根9m焊接在一起）28根，9m工字钢8根，6m工字钢8根。

钢丝绳上部拉结在主体三层镂空边梁的预埋环处，下部全部拉结在工字钢1/3跨处，工字钢上的拉结点统一在一条线上，每个预埋环拉结两道钢丝绳，每个预埋环用方木嵌填密实，在工字钢上加设立杆支顶，起到锚固作用

2.剪刀撑参数

由于镂空部位架体高度超过规定高度8m，按照规范要求设置剪刀撑，采用扣件式钢管连接。水平剪刀撑两斜杆之间夹角按照45°～60°进行控制，共布置3道，设置部位如下：第一道结构底板往上200mm处设一道（等同于底层扫地杆设置一道），中间设置一道，距顶层梁底500mm设置一道。

竖向剪刀撑从底到顶连续搭设，与地面的夹角控制在45°～60°之间，镂空部位内部纵、横向每5跨设置一道剪刀撑，由底至顶设置连续竖向剪刀撑，剪刀撑宽度为5跨。在每层搭设的满堂支撑架四周外围均满设斜撑，与地面的夹角控制在45°～60°之间，用于支撑镂空满堂支撑架架体。

3.梁支撑架参数

根据梁位置进行排布，确保梁两侧300mm范围内均有满堂架立杆，采用扣件横锁钢管支撑梁底，间距同梁延伸方向满堂架间距。梁正下方辅助增加扣件式钢管支撑架体，镂空结构范围内梁下立杆沿南北方向布置（全部放置于工字钢支撑梁上），且均在梁底宽度范围。为保证梁底支撑架承载力，按照梁宽进行梁底立杆排数设计，本工程次梁截面400mm×900mm、500mm×1100mm，梁、底分别增加1排扣件式立杆，并与梁两侧满堂架采用扣件式钢管连接固定。

4.连墙件的设置

1）连墙件主要设置于三层的梁板结构处，连墙件水平间距控制在3～5m（3个纵距，每个纵距按1m考虑），根据框架柱位置进行必要的抱柱处理。

2）连墙件应呈水平设置。

3）每层连墙件应在同一平面。

4）连墙件应设置在有水平杆的主节点旁，连接点至主节点间距不应大于300mm。

5）连墙件应采用可承受拉、压荷载的刚性结构，连接应牢固。

6）连墙件设置方式及位置。

5.抱柱措施

四层施工时三层范围框架柱已拆模，采用角部保护措施后，将高支模架体与框架柱进行拉结。采用钢管扣件进行四周拉结，高度范围拉结步距同扣件式横杆步距。

（四）工艺流程

测量放线→安放工字钢支撑梁（钢丝绳拉结）→立杆放置点弹线并焊接钢筋头标记→框架柱钢筋接长及绑扎→梁板支撑架搭设→梁板模板搭设→框架柱模板搭设→绑扎梁、顶板钢筋→梁板内水电预埋→浇筑混凝土→养护→拆模→支撑架体拆除及工字钢支撑梁拆除。

（五）施工方法

1. 安放工字钢支撑梁

本工程镂空结构处高支模，先在三层搭设工字钢支撑梁，然后在其上面满铺脚手板搭设扣件式钢管满堂脚手架。

首先设计计算高支模架体方案，确定高支模架体立杆平面位置，利用 CAD 软件沿南北方向布置工字钢，保证所有架体立杆均放置在工字钢上，调整梁底立杆的布置方向，由垂直于梁跨度方向等效调整为沿南北方向（可放置于工字钢上），确定工字钢支撑梁布置位置和间距后，进行测量放线，在现场测放出每条支撑梁的位置，采用 16# 工字钢，长度为 6m（8 根）、9m（8 根）、18m（由两根 9m 焊接在一起，28 根），从东西两侧依次向中间安放工字钢支撑梁（用塔吊吊装），并与提前预埋的拉环进行拉结固定，非镂空结构位置可利用立杆从工字钢顶直接支顶支三层顶板（顶梁），起到锚固作用。

2. 承重架

大面支架采用扣件式钢管满堂支撑架，在立杆下脚铺设垫板，并且楼层间的上下立杆在一条直线上，立杆间距 0.9m，遇个别梁时采用 0.8m 横杆过渡，从三层工字钢（木架板上）往上 200mm 开始设扫地杆，向上步距依次为 1.5m、1.5m、1m、0.62m（距三层结构顶板底部），四层从结构地面扫地杆距地 200mm，向上依次为 1.5m、1.5m，最顶端设置一道纵、横向横杆连接。

根据设计方案弹出纵横向横杆位置，确定立杆设置点并涂油漆定位，放置木垫板，竖立底立杆，底端与纵向扫地杆扣件固定后，装设横向扫地杆，并与立杆固定，随着立杆的安装，装设第一步纵向水平杆和横向水平杆。校正立杆垂直和平杆水平使其符合要求后，依次向前延伸搭设，直至第一步架交圈完成。交圈后，再全面检查一遍构造质量，严格确保设计要求和构件质量，按第一步架的作业程序和要求搭设第二步、第三步……立杆按照预先计划的规格进行排布和接长，符合错开接头设置的规定。

满堂架竖向立杆与水平杆全部搭设调整完成后，搭设水平与竖向剪刀撑。满堂架与相邻框架柱进行刚性拉结固定，区域内形成一个整体，各片小区域再统一成一个整体。满堂架立杆上端安装顶托撑，安放双钢管主龙骨，调整支撑面平整度及起拱满足要求。

3. 模板及背楞

模板加工必须满足截面尺寸，尺寸过大的模板需进行刨边，否则禁止使用，背楞次龙骨采用成型尺寸一致的方木，要求必须双面刨光，翘曲、变形的方木不得作为龙骨使用。

4. 顶板模板

施工流程：支架搭设→龙骨铺设、加固→楼板模板安装→钢筋隐蔽→检查验收。

顶板模板采用散支、散拆方案，顶板模板采用 13mm 厚木胶合板，次龙骨采用 38mm×88mm 木方，间距为 150mm，主龙骨采用双钢管，主间距 0.3m，辅助调整 1.2m。在垂直方向用承插式钢管支撑架，顶部用 U 形托将 ϕ48×2.8mm 双钢管顶牢。可调顶托插入立杆长度≥150mm，外露长度≤300mm，立杆顶悬伸长度距最上层水平杆≤650mm，支撑架按照模板设计要求搭设完毕后，根据给定的水平线调整上支托的标高及起拱的高度。

5. 梁模板

梁模板采用厚度 13mm 的木胶合板。梁模板内楞为 38mm×88mm 方木，间距 150mm，外楞采用双钢管 48mm×2.8mm，间距为 600mm。

施工流程：弹出梁轴线及水平线并进行复核→搭设梁模板支架→安装梁底楞→安装梁底模板→梁底起拱→绑扎钢筋→安装梁侧模板→安装另一侧模板→安装上下锁品楞、斜撑楞、腰楞→复核梁模尺寸、位置→与相邻模板连接牢固→检查验收

梁下增加立杆下脚要铺设通长脚手板，并且楼层间的上下支柱应在同一条直线上。

搭设梁底小横木，间距符合模板设计要求。

拉线安装梁底模板，控制好梁底的起拱高度符合模板设计要求。梁底模板经过验收无误后，用钢管扣件将其固定好。

在底模上绑扎钢筋，经验收合格后，清除杂物，安装梁侧模板，将两侧模板与底模用脚手管和扣件固定好。梁侧模板上口要拉线找直，用梁内支撑固定。

复核梁模板的截面尺寸，与相邻梁柱模板连接固定。

安装后校正梁中线标高、断面尺寸。将梁模板内杂物清理干净，检查合格后办预检。

梁底模板铺设：按设计标高拉线调整支架立杆标高，然后安装梁底模板。

梁跨中起拱高度为梁跨度的 1.5%，主次梁交接时，先主梁起拱，后次梁起拱。

梁侧模板铺设：根据墨线安装梁侧模板、梁螺杆。

6. 顶板模板

梁模加固完毕后，即可支设顶板模板，顶板模板采用木胶合板，板一般采用整张铺设、局部小块拼补的方法，板模板接缝应设置在龙骨上。挂通线将主龙骨找平。根据标高确定主龙骨顶面标高，然后架设次龙骨，铺设模板。楼面模板铺完后，应认真检查支架是否牢固。模板梁面、板面清扫干净。

7. 混凝土浇筑

框架结构中，柱和梁板的混凝土浇筑顺序，按先浇筑框架柱混凝土，后浇筑梁板混凝土的顺序进行。浇筑过程应符合专项施工方案要求，并确保支撑系统受力均匀，避免引起高大模板支撑系统的失稳倾斜。梁板按框架顺序浇筑，每框架内先将梁根据高度水平分层浇筑，每次浇筑高度不大于 400mm，浇筑时对称浇筑。

柱、梁采用振捣棒振捣，板采用平板振捣器振捣。浇筑板混凝土的虚铺厚度应略大于板厚，用平板振捣器垂直浇筑方向来回振捣，并用铁插尺检查混凝土厚度，振捣完毕后用大杠刮平，长木抹子搓平。浇筑板混凝土时不允许用振捣棒铺摊混凝土。在混凝土浇筑时，不能集中过多混凝土于某点，防止局部超负荷。浇筑混凝土时，设置警戒线，严禁人员进入架体，要有专职安全员看护。

三、高支模审核与监控要点（结论）

（一）如何审核高支模专项方案？

1. 在审核高支模专项方案，对细部做法不理解的时候，建议拿着方案对照现场（只看细部图想象会有疑惑），会帮助理解，再稍加推敲，就会一清二楚；再依照图纸及规范要求，对其进行审核；

2. 由于目前市场钢管壁厚普遍不满足规范要求，所以特别注意计算书钢管壁厚是否与现场实际钢管壁厚一致，若不一致，计算书无效；

3. 必须将专家论证的建议内容编制到方案；

4. 提出审查意见，要求施工方进行修改。

（二）高支模施工过程监控要点有哪些？

1. 加强对原材料的检查，尤其是钢管壁厚及外观质量、扣件外观质量、可调托座丝杆直径及可调范围；

2. 重视专家论证意见，检查现场是否按照意见施工；

3. 现场搭设架体是否按照方案严格执行，重点注意步距、扫地杆、剪刀撑及连墙措施等；

4. 在浇筑高支模区域过程中检查浇筑顺序，分段分层浇筑，特别注意不得将布料机放在高支模区域，存在重大安全隐患。

四、案例分析及教训

（一）事故经过

南京电视台演播中心工程位于南京市白下区龙蟠中路，由南京电视台投资兴建，东南大学建筑设计院设计，南京工苑建设监理公司对工程进行监理（总监理工程师韩长福、副总监理工程师卞长杨）。该工程在南京市招标办公室进行公开招投标，南京三建于 2000 年 1 月 13 日中标，于 2000 年 3 月 31 日与南京电视台签订了施工合同，并由南京三建上海分公司组建了项目经理部，由上海分公司经理史桃定任项目经理，成海军任项目副经理。

南京电视台演播中心工程地下 2 层、地面 18 层，建筑面积 34000m^2，采用现浇框架剪力墙结构体系。工程开工日期为 2000 年 4 月 1 日，计划竣工日期为 2001 年 7 月 31 日。工地总人数约 250 人，民工主要来自南通、安徽、南京等地。

演播中心工程大演播厅总高 38m（其中地下 8.70m，地上 29.30m）。面积为 624m^2。2000 年 7 月份开始搭设模板支撑系统支架，支架钢管、扣件等总吨位约 290 吨，钢管和扣件分别由甲方、市建工局材料供应处、铁心桥银泽物资公司提供或租用。原计划 9 月底前完成屋面混凝土浇筑，预计 10 月 25 日下午 4 时完成混凝土浇筑。

在大演播厅舞台支撑系统支架搭设前，项目部按搭设顶部模板支撑系统的施工方法，完成了 3 个演播厅、门厅和观众厅的施工（都没有施工方案）。

2000 年 1 月，南京三建上海分公司由项目工程师茅某编制了“上部结构施工组织设计”，并于 1 月 30 日经项目副经理成某和分公司副主任工程师赵某批准实施。

2000 年 7 月 22 日开始搭设大演播厅舞台顶部模板支撑系统，由于工程需要和材料供应等方面的问题，支架搭设施工时断时续。搭设时没有施工方案，没有图纸，没有进行技术交底。由项目部副经理成某决定支架三维尺寸按常规（即前 5 个厅的支架尺寸）进行搭设，由项目部施工员丁某在现场指挥搭设。搭设开始约15天后，上海分公司副主任工程师赵某将“模板工程施工方案”交给丁某。丁某看到施工方案后，向成某作了汇报，成某答复还按以前的规格搭架子，到最后再加固模板支撑系统支架由南京三建劳务公司组织进场的朱某工程队进行搭设（朱某是南京标牌厂职工，以个人名义挂靠在南京三建江浦劳务基地，2000年6月份进入施工工地从事脚手架的搭设，事故发生时朱某工程队共17名民工，其中5人无特种作业人员操作证），地上25~29m最上边一段由木工工长孙某负责指挥木工搭设。2000年10月15日完成搭设，支架总面积约624m^2，高度38m。搭设支架的全过程中，没有办理自检、互检、交接检、专职检的手续，搭设完毕后未按规定进行整体验收。

2000年10月17日开始进行支撑系统模板安装，10月24日完成。23日木工工长孙某向项目部副经理成某反映水平杆加固没有到位，成某即安排架子工加固支架，25日浇筑混凝土时仍有6名架子工在加固支架。

2000年10月25日6时55分开始浇筑混凝土，项目部资料质量员姜某8时多才补填混凝土浇捣令，并送工苑监理公司总监韩某签字，韩某将日期签为24日。浇筑现场由项目部混凝土工长邢某负责指挥。南京三建混凝土分公司负责为本工程供应混凝土，为B区屋面浇筑C40混凝土，坍落度16～18cm，用两台混凝土泵同时向上输送（输送高度约40m，泵管长度约60m×2）。浇筑时，现场有混凝土工工长1人、木工8人、架子工8人，钢筋工2人、混凝土工20人，以及南京电视台3名工作人员（为拍摄现场资料）等。自10月25日6时55分开始至10时10分，输送机械设备一直运行正常。到事故发生止，输送至屋面混凝土约139m^3，重约342吨，占原计划输送屋面混凝土总量的51%。

10时10分，当浇筑混凝土由北向南单向推进，浇至主次梁交叉点区域时，该区域的1m^{2}理论钢管支撑杆数为6根，由于缺少水平连系杆，实际为3根立杆受力，又由于梁底模下木枋呈纵向布置在支架水平钢管上，使梁下中间立杆的受荷过大，个别立杆受荷最大达4吨多，综合立杆底部无扫地杆、最高大的达2.6m，立杆存在初弯曲等因素，以及输送混凝土管有冲击和振动等影响，使节点区域的中间单立杆首先失稳并随之带动相邻立杆失稳，出现大厅内模板支架系统整体倒塌。屋顶模板上正在浇筑混凝土的工人纷纷随塌落的支架和模板坠落，部分工人被塌落的支架、楼板和混凝土浆掩埋。

事故发生后，南京三建电视台项目经理部向有关部门紧急报告事故情况。闻讯赶到的领导，指挥公安民警、武警战士和现场工人实施了紧急抢险工作，采用了各种先进的手段，将伤者立即送往空军454医院进行救治。

（二）事故的原因分析

事故的直接原因：

1. 支架搭设不合理，特别是水平连系杆严重不够，三维尺寸过大以及底部未设扫地杆，从而主次梁交叉区域单杆受荷过大，引起立杆局部失稳。

2. 梁底模的木枋放置方向不妥，导致大梁的主要荷载传至梁底中央排立杆，且该排立杆的水平连系杆不够，承载力不足，因而加剧了局部失稳。

3. 屋盖下模板支架与周围结构固定与联系不足，加大了顶部晃动。

事故的间接原因：

1. 施工组织管理混乱，安全管理失去有效控制，模板支架搭设无图纸，无专项施工技术交底，施工中无自检、互检等手续，搭设完成后没有组织验收；搭设开始时无施工方案，有施工方案后未按要求进行搭设，支架搭设严重脱离原设计方案要求，致使支架承载力和稳定性不足，空间强度和刚度不足等是造成这起事故的主要原因。

2. 施工现场技术管理混乱，对大型或复杂重要的混凝土结构工程的模板施工未按程序进行，支架搭设开始后送交工地的施工方案中有关模板支架设计方案过于简单，缺乏必要的细部构造大样图和相关的详细说明，且无计算书；支架施工方案传递无记录，导致现场支架搭设时无规范可循，是造成这起事故的技术上的重要原因。

3. 工苑监理公司驻工地总监理工程师无监理资质，工程监理组没有对支架搭设过程严格把关，在没有对模板支撑系统的施工方案审查认可的情况下即同意施工，没有监督对模板支撑系统的验收，就签发了浇捣令，工作严重失职，导致工人在存在重大事故隐患的模板支撑系统上进行混凝土浇筑施工，是造成这起事故的重要原因。

4. 在上部浇筑屋盖混凝土情况下，民工在模板支撑下部进行支架加固是造成事故伤亡人员扩大的原因之一。

5. 南京三建及上海分公司领导安全生产意识淡薄，个别领导不深入基层，对各项规章制度执行情况监督管理不力，对重点部位的施工技术管理不严，有法有规不依。施工现场用工管理混乱，部分特种作业人员无证上岗作业，对进城务工人员未认真进行三级安全教育。

6. 施工现场支架钢管和扣件在采购、租赁过程中质量管理把关不严，部分钢管和扣件不符合质量标准。

7. 建筑管理部门对该建筑工程执法监督和检查指导不力；建设管理部门对监理公司的监督管理不到位。

（三）对事故的责任分析和对责任者的处理意见

1. 南京三建上海分公司项目部副经理成某具体负责大演播厅舞台工程，在未见到施工方案的情况下，决定按常规搭设顶部模板支架，在知道支架三维尺寸与施工方案不符时，不与工程技术人员商量，擅自决定继续按原尺寸施工，盲目自信，对事故的发生应负主要责任，建议司法机关追究其刑事责任。

2. 工苑监理公司驻工地总监韩某，违反“南京市项目监理实施程序”第三条第二款中的规定没有对施工方案进行审查认可，没有监督对模板支撑系统的验收，对施工方的违规行为没有下达停工令，无监理工程师资格证书上岗，对事故的发生应负主要责任，建议司法机关追究其刑事责任。

3. 南京三建上海分公司南京电视台项目部项目施工员丁某，在未见到施工方案的情况下，违章指挥民工搭设支架，对事故的发生应负重要责任，建议司法机关追究其刑事责任。

4. 朱某违反国家关于特种作业人员必须持证上岗的规定，私招乱雇部分无上岗证的民工搭设支架，对事故的发生应负直接责任，建议司法机关追究其刑事责任。

5. 南京三建上海分公司经理兼项目部经理史某负责上海分公司和电视台演播中心工程的全面工作，对分公司和该工程项目的安全生产负总责，对工程的模板支撑系统重视不够，未组织有关工程技术人员对施工方案进行认真的审查，对施工现场用工混乱等管理不力，对这起事故的发生应负直接领导责任，建议给予史某行政撤职处分。

6. 工苑监理公司总经理张某违反建设部《监理工程师资格考试和注册试行办法》（第18号令）的规定，严重不负责任，委派没有监理工程师资格证书的韩某担任电视台演播中心工程项目总监理工程师；对驻工地监理组监管不力，工作严重失职，应负有监理方的领导责任。建议有关部门按行业管理的规定对工苑监理公司给予在南京地区停止承接任务一年的处罚和相应的经济处罚。

7. 南京三建总工程师郎某负责三建公司的技术质量全面工作，并在公司领导内部分工负责电视台演播中心工程，深入工地解决具体的施工和技术问题不够，对大型或复杂重要的混凝土工程施工缺乏技术管理，监督管理不力，对事故的发生应负主要领导责任，建议给予郎某行政记大过处分。

8. 南京三建安技处处长李某负责三建公司的安全生产具体工作，对施工现场安全监督检查不力，安全管理不到位，对事故的发生应负安全管理上的直接责任，建议给予李某行政记大过处分。

9. 南京三建上海分公司副总工程师赵某负责上海分公司技术和质量工作，对模板支撑系统的施工方案的审查不严，缺少计算说明书；构造示意图和具体操作步骤，未按正常手续对施工方案进行交接，对事故的发生应负技术上的直接领导责任，建议给予赵某行政记过处分。

10. 项目经理部项目工程师茅某负责工程项目的具体技术工作，未按规定认真编制模板工程施工方案，施工方案中未对“施工组织设计”进行细化，未按规定组织模板支架的验收工作，对事故的发生应负技术上重要责任，建议给予茅某行政记过处分。

11. 南京三建副总经理万某负责三建公司的施工生产和安全工作，深入基层不够，对现场施工混乱、违反施工程序缺乏管理，对事故的发生应负领导责任，建议给予万某行政记过处分。

12. 南京三建总经理刘某负责三建公司的全面工作，对三建公司的安全生产负总责，对施工管理和技术管理力度不够，对事故的发生应负领导责任，建议给予刘某行政警告处分。

（四）教训

1. 对施工方案进行审查，不合格不可开工。

2. 严格审查模板支撑系统，如发现施工方的违规行为立即下达停工令。

3. 公司对驻工地监理组加强监管。

参考文献

[1] 危险性较大的分部分项工程安全管理办法（建质〔2009〕87号文）.

[2] 建筑施工扣件式钢管脚手架安全技术规范 JGJ 130—2011.

[3] “龙城壹号”项目商办楼/地下室E区工程设计图纸.

[4] 专家论证意见.

对业主方工程项目管理咨询服务的实践与思考

贾雪军
河南建达工程咨询有限公司

引言

在工程建设领域，作为大家十分熟悉也是世界范围广泛采用的优秀的工程管理模式之一，工程项目管理模式从2004年建设部200号文发布至今，受到行业高度重视，但推广至今却不尽如人意。在这一时期，河南建达工程咨询有限公司（河南省最早一批成立的国有监理企业，隶属郑州大学，后简称河南建达），同许多渴望业务拓展的企业一道，开展了许多实践与探索，本着依托高校、科学管理、创一流服务的方针，河南建达通过一批政府代建、工程项目管理业务收获了宝贵的经验，锻炼了一批人才。

一、对业主方工程项目管理咨询服务的理解

改革开放40年，建设工程的项目规模日益扩大、技术愈加复杂、专业更加细分，业主需求、投融资与建设管理模式也更加丰富多样，高质量、高品质发展成为总体趋势。由于中国实行项目法人责任制，对建设责任主体的建设项目业主有较高要求，无论是项目法人或建设委托人（包括具有法人资格的建设项目平台公司）等，都需要在工程建设各阶段直接或间接履行专业性较强的建设主体职责，因此，向国际优秀、成熟的管理模式学习，满足业主不断增加的个性化需求、提供全方位专业化工程咨询服务成为行业发展的趋势。河南建达把企业未来一段时期的监理业务拓展方向明确为“业主方工程项目管理咨询服务模式”，顾名思义，以业主需求满意为导向，受业主委托对工程建设全过程或分阶段进行专业化管理和咨询服务的活动，核心是工程项目管理，同时可为业主提供相关专项咨询服务，通过对设计、采购与建造活动的统筹管控，全方位实现项目目标，以目标控制为目的，实现价值的服务重在项目策划（如准备阶段的组织策划、合同策划、技术策划、管理策划、经济策划等），通过项目实施阶段（设计、施工、交付等）的专业化管理服务实现业主利益最大化，根据服务属性，工程监理、政府代建都属于这一范畴，其中对监理企业而言，工程项目管理与工程监理一体化服务更具现实意义，除更好提升管理集成度、减轻碎片化，也是监理业务向上下游拓展的重要途径。

二、案例分享与思考

（一）政府代建案例

项目介绍：中共河南省委党校整体迁建工程的代建，该项目委托单位为河南省发改委，使用单位为河南省委党校，它是河南省政府第一个直接管理的、程序完善的代建试点项目，占地面约1007亩，由39幢单体建筑组成，包含办公、会议、图书馆、教学楼、体育馆、食堂、宿舍及后勤附属用房等，项目承接后公司高度重视，共抽调18人组建了代建团队，包括注册监理工程师、注册结构师、注册建筑师、注册建造师和注册造价师等，成立了以总经理任指挥长的项目协调专家组，其中，通过设计优化措施直接降低了工程建安成本，经过不懈努力项目最终顺利交付，锻炼了队伍，积累了经验。以下是项目总结与思考。

1.代建对项目管理公司的履约能力、技术力量、管理经验与管理能力等各方面要求较高，代建的业绩与经验是今后开展工程项目管理、全过程工程咨询等业务最宝贵的财富；

2.首先要解决好人的问题，不仅要组建一支配置齐全的项目代建团队，还应当统一思想，熟悉相关政策，不断学习提高项目管理理论知识；

3.必须要加强设计管理能力，提高限额设计的意识，正视自身与知识密集型企业之间的差距，拿出多渠道的解决方法；

4.坚决做“遵纪守法的阳光工程”，

严格遵守招标程序，严格审核控制价，认真考察投标企业，工程实施中调动好承包商积极性，深入加强对原材料的管理，关注细节，挖掘和发挥出工程监理在现场质量安全工作中的作用，树立诚信管理的理念；

5. 沟通的质量影响到代建工作顺利开展，是基础保障，因为是新建设管理模式，团队一方面加强与代建主管部门的沟通并取得大力支持，另一方面主动加强内外部以及各层次间的沟通，并注意及时积累代建中各种经验与教训，少走弯路；

6. 必须要兼顾业主各方意见，特别是委托人与使用人意见，业主方的真实需求往往同我们的想法有异，及早明确业主真实想法与需求，才能真正实现客户满意，这个项目上防三超是成功的，而简单的奖励酬金思维一定程度上忽视了业主真实需求，值得公司思考总结；

7. 人才复合知识能力培养固然重要，但思想的转变最关键，必须树立“为业主服务、以客户为中心、让用户感动”的服务理念，以主人翁的心态才能从本质上做好服务产品。

（二）政府公建工程项目管理 + 监理一体化服务案例

项目介绍：郑州市民活动中心是郑州市公共文化服务区 CCD 的重要组成部分，是典型公建项目，专业场馆多、四新技术复杂、工期短，建设标准高，分项建设任务多。承接任务后结合业主需求确定了项目管理定位，以设计为龙头（设计阶段的相关管理）、以 BIM 技术为中心、投资管理为基础、进度管理为手段，对工程实施全方位、全过程、全寿命周期的专业化、系统化、精细化管理。其中设计阶段是项目投资、使用功能落地的最主要环节，对于不熟悉规划方案设计与施工图设计业务的工程监理企业，解决这个阶段的相关管理工作一定程度上成为成败的关键，以下是项目总结与思考。

1. 初步设计阶段的管理突出解决功能需求问题，就功能配置、建筑布局、使用标准、建设规模等内容充分征求业主方（特别是使用单位）的意见，组织了多轮设计研讨，减少后期因使用功能造成的变更，力争初设深度到位，同时加强对图纸设计质量的审查管理力度；

2. 施工图及专项设计管理中，结合项目复杂多样的特征，实行全过程、全专业设计总包，简化专项设计的管理复杂度，减少二次深化的协调及界面管理影响，消除越深化越复杂及不断追加投资的恶性循环现象。团队一方面严审设计合同条款，理清分包工作内容及深度，同时加强对设计总包驻场代表的管理，如要求全程参加工地例会、方案论证、招标会议、考察、现场巡视等工作，发现图纸问题规定期限解决，设计重要部位提前交底，施工图按需多次会审等；

3. 重视审查设计图纸质量与设计深化工作。确保安全下以不浪费为目的组织进行结构优化，对精装修、舞台机械、灯光音响、景观及照明、弱电智能化等设计成果组织成果专家论证，以全方位设计管理思路转换和调动团队思想，挖掘设计总分包及顾问专家潜力；

4. 有针对性加强设计阶段的投资管控。本项目以概算审查为抓手强化设计人员经济意识，力求项目经济功能价值比合适。由于项目有杂技馆、群艺馆等专业场馆，钢结构、铝构、幕墙、景观照明、屋面绿化、绿色建筑等新工艺、新材料多，价格不易确定，团队要求设计院多方询价比对，大型专业设计和设备选型要求设计院组织全国范围内专家进行论证、比选，力求设计深度到位，价格合理，在设计概算编制中重点要求设计院考虑各类风险，依据要合理全面，包含各类新规和本地区标准，原则上体现合理富余，各专业分项概算分配均衡、准确，管理团队为此进行了必要的审查，并将其作为企业知识库保存积累；

5. 借鉴以往项目经验，提早统筹考虑配套专业如市政水、电、燃气、热力、雨水、污水等专业，深入对接相关部门，准确掌握现行政策，考虑清界面划分，确保设计合理、经济，使用舒适，不影响验收和使用日期；

6. 进度控制分层次管理。团队在概算分解基础上编制年度资金使用计划，计划管理采取三层次的进度计划，总计划、各单位工程计划和劳动力、材料、设备需求计划，形成正式文件后经沟通共同签字确认；

7. 采购管理。配备专职招采人员根据出图计划和总进度计划制定各类招标计划，并结合业主方建设投资管理办法制定项目招标制度，划分三个层次、三类工程，满足业主方对实力强，信誉好，后期服务能力强的分包、设备供应商的采购需求；

8. 严审招标文件。要求有关造价的条款必须严谨、合法、清晰、不留争议隐患，结算方式明确，各单位互相影响的造价条款要明确，如分包配合管理费支付办法、安全文明措施费分配等，合理、合规设置控制价，既要符合市场行情，更要控制超概风险；

9. 及时处理变更签证，当月发生的设计变更、签证当月认价、与材料、设备询价、认价和施工同步；

10.BIM 应用。辅助设计图纸完善，提早发现不合理处，包括工程虚拟建造，机电管线仿真虚拟，施工图设计数据验证问题统计辅助，对特定部位要求出 BIM 版图纸进行现场施工指导，如预留、预埋、管线标高、位置、各类安装管线的施工顺序等；利用 BIM 技术核对施工图工程量清单，发现超概及时调整。以运维阶段 BIM 应用为目标完善 BIM 数据，尽可能满足未来运维对管线设备位置、路由路径故障部位判断、重要设备信息检索等要求。采用 BIM 管理平台来辅助监理的技术管理、资料管理工作，实现查看图纸、巡视检验、问题发布与资料共享等功能；

11. 注重项目管理理论学习与实践交流。项目每周召开一次内部学习或会议，每月组织一次总结会，积极参加公司的交流培训学习，不断总结经验培养复合专才。

（三）证券营业楼、金融办公楼工程项目管理 + 监理一体化服务案例

随着公司承接一批金融企业的工程项目管理业务，公司对业主方工程项目管理咨询服务模式理解愈发深刻，面对金融体系以严谨和高标准闻名的业主，我们的工程项目管理开展前必须同业主认真对接，完善制度建设、确保业务程序合规，同时业主对于专业化技术咨询服务的需求的迫切也让我们体会到市场对工程咨询服务的真切性，以下是项目的总结与思考。

1. 做好启动的组织架构设计。企业发展需要以盈利为前提，所以要根据业主不同的需求来合理配置团队成员及提供那些必要的技术咨询顾问来保障，综合各种因素确定管理定位；

2. 练好内功。逐步将工作手册、工作表格进行标准化应用，形成企业的知识库成果，如编制相关制度汇编、工作手册、指南、理论著作等，完善现场使用的工作管理制度、细则、工作指引等；

3. 补短板。依托高校及专家顾问团队，补规划设计短板，在其中一个证券大厦项目中，从全球方案设计招标准备到初步设计与施工图设计阶段，团队在学校集团公司支持下为业主提供了大量技术咨询服务，在每个阶段均反复修改设计任务书，组织了多轮功能再论证、联合设计考察，专家内部评审、专家参与方案设计优化、类似项目调研等多种设计管理手段及咨询方法，提供了项目结构选型论证报告、关于信息技术中心设置的分析报告、实施绿建三星的投入成本分析报告、国家政策及实施绿建三星咨询机构的报告等专业化咨询报告文件，提供了关于设计招标备案问题的报告、关于办理土地开工延期的提醒、方案报建的风险问题、建筑高度调整对建筑方案设计的技术、经济影响分析等大量风险咨询建议及报告；在另一个金融大厦项目中，从初步设计开始，应业主要求公司全程持续提供了全方位的技术咨询服务，该建筑内部存在大量复杂的连续挑高空间，业主对绿建、先进智能化、地下停车及办公需求、VIP 客户体验、员工健身餐饮等有较多个性化需求，服务团队组织了集团与公司相关专家、外部设计顾问进行了大量评审与专题讨论会，提供了建筑平面优化、结构优化、空调系统建议、绿建专项建议、后期智能化应用等技术咨询意见，虽然工作烦琐，但是赢得了业主信赖，在仅有两名兼职业主代表情况下（该企业高管与中层领导），通过快速磨合，热情服务，全方位的统筹咨询与管理服务，赢得了业主高度评价；

4. 这个项目借助专业化的 BIM 平台进行了信息化项目管理，在精装修设计管理阶段，充分利用前期的 BIM 模型成果，实现了室内精装修阶段的正向设计应用，仿真装修设计效果实现了“对业主方案决策的实时辅助”。

三、未来展望

以上实践应用，体现了公司立足工程监理主业，按政策导向把业务向上下游延伸，以业主方工程项目管理咨询服务为主线，大力推进学习型组织的建设，培养学习型创新人才，通过项目实践培养专业面全、经验丰富的知识复合型人才，锻炼具备跨行业跨专业的懂经济、懂政策、懂合约法律、协调能力强、策划能力强、管理能力强的综合型人才。未来公司仍将继续坚持思想服务意识的转变，回归高智力服务为特征的咨询服务属性，以业务标准化和信息化利器为支撑，向建设阶段全过程工程咨询服务迈进。

亚吉铁路监理纪实

周水斌
中咨工程建设监理有限公司

一、项目概况

埃塞俄比亚首都亚的斯亚贝巴（Addis ababa）－吉布提（Djibouti）铁路（亚吉铁路），是一条采用中国标准（参照中国Ⅱ级铁路标准），中国技术和中国装备建设的东非地区第一条电气化现代铁路，也是中国海外首条集设计、设备采购、施工、监理和融资于一体的“中国化”铁路。项目起点于亚的斯亚贝巴，终点于吉布提港口，全长752.7km，设计时速120km/h，总投资约40亿美元。

项目建设资金大部分来自于中国进出口银行的贷款。业主方为埃塞铁路公司（Ethiopian Railway Corporation，简称ERC），两大EPC总承包商为中国中铁股份有限公司旗下的中国中铁二局集团有限公司（负责亚的斯亚贝巴－米埃索[①]段）和中国铁建股份有限公司旗下的中国土木集团有限公司（负责米埃索－吉布提港口段），项目业主代表服务合同由中国国际工程咨询有限公司获得。项目设备绝大部分均来自于国内制造。项目建成通车后，第一阶段6年运营权，也由项目承建方中国中铁和中土集团，以联营体形式在国际招标中获得，实现了亚吉铁路正式从中国制造向中国运营转型。

二、业主代表服务主要内容及组织机构设置

项目业主代表服务主要包括：设计审核、项目管理及现场监理3部分内容。根据合同约定，设总代表1名，副总代表1名。其中由于采用的中国标准，设计审核主要由铁道第三勘察设计院集团有限公司的专业团队实施；项目管理方面按合同约定组建了专业的项目管理团队，主要配备了项目经理以及质量、计划、合约、HSE、能力建设等专业工程师；现场监理业务设总监1名、副总监1名，3个驻地办（中铁二局段、中土集团段和吉布提段），每个驻地办根据项目实施及专业分工情况分设若干监理组，每个监理组配备中方人员2名，埃塞俄比亚方人员5名。

三、主要监理工作思路与内容

针对现场线路长、工点多且分散、现场监理人员数量有限的主要特点及合同约定的主要工作内容为依据，确定了现场监理以施工过程中的质量把控为主的工作思路。日常监理工作主要由各监理组实施，包括对现场的日常巡查、隐蔽工程验收、问题的督促整改、工程计量及签认、检验批验收、埃方监理人员的管理、监理资料形成及施工资料签认等。驻地办主要负责现场的日常巡查、各监理组人员的管理和保障监理工作的正常开展与检查，组织分部分项工程验收、监理月报编制、业主方现场经理的沟通与协调等。总监办主要负责全体监理人员的管理、组织各方参与的月度巡检，重要事项或问题的处理，业主方的沟通与协调及组织单位工程预验收等。

四、主要监理工作方法

（一）监理人员选派

亚吉铁路项目监理人员的选派，在经过现场充分调查、结合海外项目特点实施经验，与业主方经过多轮合同谈判后，所派出的中方监理人员应具备5年及以上的铁路项目实施经验，有一定的英语听说读写能力，中级及以上职称等，由于人员需求大，要求也相对较高，主要是通过社聘的方式予以解决。埃方监理人员在当地招聘，主要采用与当地知名的咨询单位合作的方式。

（二）主要监理工作方法

1. 施工质量控制

施工质量控制首先从源头、原材料

① 米埃索，Mieso，埃塞俄比亚地名。

方面加以把控。地材如填料、砂石料、水泥、道砟等，一方面要求施工单位按照中国有关标准所要求的数量和频次，做好进场自检工作，监理组检查自检落实情况；另一方面还由专业试验监理工程师随机及重点取样，独立进行试验。项目线路范围内，材料差别较大。如中铁二局段经过几十公里的火山灰地区，难以就近直接找到达标的A类填料，只能通过技术及商务措施予以解决，还有该段缺乏天然河砂，采用了部分机制砂。中土集团段天然河砂丰富，但夹杂较多卵石，含泥量及泥块含量普遍超标，按要求设置了筛分及洗砂装置。埃塞俄比亚水泥产量有限，卖方市场明显，且质量稳定性不是很好，这就要求加大试验检测频次。针对国内采购的材料，如钢绞线、锚具、电缆线等四电专业的材料，一是要求总包单位从中国铁路总公司合格的供应商目录中的厂家采购，二是受埃塞俄比亚国内试验检测机构检测项目所限，材料发运之前，按要求的数量和频次在国内有资质的检测机构，完成相关试验检测并出具检测报告，材料到达现场后应提供出厂合格质量证明文件及相应的检测报告。

施工过程中，要求施工单位严格执行报验制度，尤其是隐蔽工程，必须向各工点监理人员报验。

2. 有取舍有侧重

针对本项目线路长、同时施工工点众多、现场监理人员有限的特点，监理人员在项目施工过程中，难以做到国内监理通常所要求百分百验收、重要工序及危险性较大工序旁站等工作。在有限的条件下，针对重要性，应有所取舍有所侧重。如桥梁桩基础、T梁预制、基床表层填筑、四电专业重要设备安装调试等重要工序，要求监理人员百分百验收，而针对路基边坡防护、基床以下路基填筑、排水沟砌筑等，要求监理人员按一定的百分比，可作选择性的验收。

3. 问题的处理

项目实施过程中，各种各样的设计、施工问题总少不了，如何高效地处理，也非常考验综合把控能力。首先要求熟悉设计文件及各项验收标准，遇到问题能有初步判断，是自身就能处理还是需要上报，如地材个别质量指标不达标，就可要求承包商人员采取技术措施处理或退场更换；若出现设计的工程内容未实施、混凝土强度不合格、结构物实体开裂严重等影响安全使用功能的事项，应立即逐级上报至总监办。采取的主要监理措施一是通过书面监理指令，要求施工方整改后书面回复，二是通过每期的EPC总承包商向业主方验工计价，首先要由现场监理人员对形象进度表和工程质量确认单进行签认的机会，迫使施工单位整改问题。

4. 严把验收关

检验批、分部分项工程验收，及单位工程预验收，分别由监理组、驻地办和总监办组织实施。针对各级验收发现的各种问题，列清单，组织会议，并下达书面监理指令，充分利用好监理手中的验收资料签字权，要求施工单位完善落实。

五、监理工作过程中的一些重难点

（一）工作环境及条件的变化，如何快速适应

每个项目均有其自身的特点，如何快速适应下来非常关键。海外项目所面临的工作、生活条件肯定是有所变化的，首先应在思想上要成熟而坚决，对自己适应下来充满信心。亚吉铁路项目监理工作环境，起点亚迪斯亚贝巴，属高原地区气，干旱两季，气候宜人，沿线路向吉布提港口海拔一路向低，植被、降雨越来越少，天气越来越热，也越显荒芜。项目监理人员的工作环境差别巨大，线路后半段的监理人员远离家乡、远离城市生活的喧嚣与便捷、过着营地与工地两点一线的生活，还要饱受炎热气候、不定时停电及信号中断等的困扰，还有繁重的监理工作，思想上不成熟不坚决，是难以坚持的。国内公司高度重视，出国之前发放出国手册，并进行有关培训教育，项目公司也充分考虑，尽量安排年轻体壮的监理人员到艰苦地区，同时在防暑降温费方面予以适当倾斜，较好地保障了监理队伍的适应及稳定。

（二）中国标准的把控与落地

从监理工作本身来讲，这或许算不上难点，严格按照审核批准过的图纸进行监理就可以了，但从具体实际过程来看，这点是最难以把控的，适用中国标准的地方大家都很容易接受，若要突破中国标准的地方那是比较困难的。标准都有适应性，再高的标准如果适应性不好，那在当地也称不上好标准。比如在项目的尾段（达瓦莱①—吉布提港口段），年降雨量300mm不到，一年下不了几场雨，一般都是暴雨，来得快去得也快，降雨后一小时若不是地上有水坑，都很难知道刚下过雨，按区域特点，该段的桥涵的防水设计与施工，作用非常有限，但仍按中国的标准进行了设计和施工；再如道砟，若按当时中国现行的标准，道砟只有Ⅰ级和特级道

① 达瓦莱，Dawanle，埃塞俄比亚地名。

砟，Ⅱ级道砟的标准及使用已经废弃，但现场材质又难以到达Ⅰ级或特级道砟的标准，最后经过一系列专题会和多轮磋商，还是以Ⅱ级道砟的标准进行把控；还有桥涵出入口的铺砌，均按中国标准进行了设计和施工，但每年的雨季总有不少路段被冲坏，这主要是由于对当地的水文和冲刷情况了解不充分，后续又经过一轮又一轮的排查、补强，经过连续几年雨季的实际考验，才能满足线路的安全使用功能。

（三）如何有效的解释业主的疑问。

亚吉铁路采用“交钥匙”EPC总承包模式后，业主方参与度不是很高，但本着引进、吸收消化和能力培养等出发点，仍在现场派驻了项目经理，并参与月度巡检。他们整体上对中国铁路标准不太了解，但一些基本的通用的工程常识还是有的，学习的热情和积极性也比较高，经常会提一些问题，有些问题在我们看来也许有点天马行空或不着边际，比如涵洞的翼墙为什么是直角的，从利于排水的角度，不是做成弧形的更好吗？为什么接触网立柱上要设置一个个的孔洞，那样不是很容易攀爬上去，造成破坏或事故？混凝土枕的制作工艺是怎样的等，对待业主方的提问，要保持工作的态度，一时回答不了的，可以咨询后予以回答，不要敷衍了事或胡编乱造，更不要觉得可笑或露出不耐烦或不屑的态度。一是对业主方要表现出起码的尊重，二是你的一个不经意的回答，他们会觉得就是标准答案了。

六、亚吉铁路项目监理工作的几点经验

（一）与国内通常监理工作的几点区别

亚吉铁路项目监理服务内容，基本是基于国际咨询工程师联合会（FEDIC）条款下的，与国内通常的监理工作有较大区别，主要体现有以下几点：一是在监理职责方面，安全责任几乎没有，重点是以质量控制为主；二是工作中尽量要有依有据，要以合同、文件、标准等为准绳，经验显得没那么重要；三是业主参与度较低，其主要关注一些使用功能及建筑风格等，监理地位无形中就有所提高。

（二）摆正自身的定位，赢得业主方的认可

亚吉铁路项目建设的全部“中国化”模式，实质上是让中国人管理中国人，如果得不到业主方的认可和支持，那工作是很难开展的。首先得摆正自身位置，受雇于业主，为业主服务，通过过程中的工作成效和处理各种问题的态度、做法，独立地开展工作，不偏不倚，有理有据，不袒护中方承包商，也不一味地迎合业主方而损害承包商利益，让业主、承包商信服、满意。

这点要在人员的选派上把好关，一些国内监理陋习突出，态度不端正，喜欢和承包商走近，不愿搭理业主方，选择性回避问题的人员要慎重考虑，避免损坏企业整体形象。

（三）对总包方的管理方式要有效、合理

由于项目工期紧及采用EPC总承包的实施模式，总承包商集设计、施工、采购于一体，其地位及拥有的自主空间，较国内的一般工程总承包商大很多，总承包方有时显得比较强势，甚至有时候会强词夺理。笔者觉得最有力有效的手段就是验工计价，有根有据的情况下，坚持住原则，该不予计价的坚决不予计价。但首先得通过合同、标准、设计文件等依据，并结合现场事实，充分举证，讲道理、打感情牌、约谈等手段，作用有限且难以为继。

（四）监理企业走出去要做足风险评估工作

亚吉铁路项目是我司近年来参与的较大海外项目，具有多层次的意义。但作为企业本身，获得业绩的同时若对一些风险因素考虑不足，导致项目效益受损，也是不应该的。合同签订之前，应做足做细项目的各项风险评估，如社会风险，主要包括项目所在地的安全稳定、卫生条件、人文环境、自然环境等；经济风险，主要包括合同条款的约定与调整、汇率、税收政策及投资环境、业主及承包商的履约能力等。海外项目只有做足各项风险的评估工作，才能在合同谈判阶段争取主动及有的放矢，并为项目的顺利实施打好基础。

棚户区改造后评价探索与实践

耿伟
北京市工程咨询公司

棚户区改造是政府为改造城镇危旧住房、改善困难家庭住房条件而实施的一项民心工程。自2000年以来，全国各地陆续启动了棚户区改造工作，实施了一大批棚户区改造项目。为了解棚户区改造相关情况，评价改造实施效果，2016年国家发展改革委在全国范围内选择开展了5个地市“十二五”棚户区改造后评价，我们有幸承担了A市“十二五”棚户区改造后评价工作。由于是全国首次开展的棚户区改造工作阶段性后评价，没有以往类似的评价案例可借鉴，也无法参考单个项目后评价成果，为此在实际评价过程中，通过设计后评价主线、创新后评价方式方法等对此项工作进行了有益的探索与实践，取得了良好的评价效果。结合实际工作情况，我们探索总结了一些后评价实操经验。

一、后评价主要难点

A市下辖9个县市区，“十二五”棚户区改造涉及该市全域，计划改造8.8万户，实际改造8.9万户，累计实施棚户区改造项目241个，总投资超350亿元。根据后评价相关要求，经梳理分析，后评价工作主要存在以下突出难点。

（一）项目数量多、改造类型复杂

241个项目分布在A市9个县市区，涉及城市、国有工矿、林区、垦区及城中村等5种棚户区类型，改造形式及内容有所不同，国家及A市给予支持的资金比例也不一样。项目量大、面广及类型多样，在无法对所有项目进行逐一评价的前提下，如何抽样并能准确反映评价总体情况，是需要解决的突出难点。

（二）持续时间长、政策变动较大

241个项目包括“十一五”续建和“十二五”新建两类，截止后评价时点，部分续建项目依然处于在施状态，一直要到“十三五”完工，持续时间非常长。而在不同时间段，国家及A市出台的棚户区改造政策文件中规定及要求有所不同，部分内容甚至变动较大，给后评价对标带来一定困难。

（三）通用后评价报告大纲不适用

2014年国家发展改革委印发的《中央政府投资项目后评价报告编制大纲（试行）》主要适用于单个政府投资项目的后评价，侧重从项目角度评价项目实施全过程、效果效益及可持续性。而“十二五”棚户区改造后评价非单个项目评价，除按照要求对常规单个项目进行评价外，还要对阶段性棚户区改造工作进行评价。因此，后评价承担单位需结合评价特点，对后评价报告大纲进行优化调整。

二、后评价主要创新

根据棚户区改造工作中涉及的政策调整、项目滚动实施等实际情况，在一般项目后评价操作的基础上，探索开展了以下方面的设计与创新。具体包括：

（一）设计后评价主线

根据棚户区改造特点，设计确定了棚户区改造项目常规评价和棚户区改造政策执行情况评价两条主线。常规项目评价包括项目实施准备、实施管理、运行管理、效果效益、可持续性等5个方面。政策执行情况评价包括规划计划、资金投入、资金筹措、用地供应、安置补偿、税费减免、政府购买服务等7个方面政策。

（二）创新评价方式方法

1. 优化调整后评价报告大纲。在满足中央政府投资项目后评价报告大纲要求的内容基础上，为突出计划完成、政策执行、建设管理、改造效果等评价重点，将后评价报告大纲优化调整为A市棚户区改造概况、改造全过程总结、改造效果与效益、改造存在的问题、后评价结论和对策建议等5大部分。

2. 创新设计后评价指标。国家下达的“十二五”棚户区改造任务仅包括改造户数目标，未明确具体的建设目标和其他功能性指标。为解决评价对标对表问题，组织宏观政策、棚改行业等方面专家研究设计了一套符合评价要求且能够获得数据的功能指标表，功能指标包括货币安置户数、实物安置户数、综合整治户数、改造实际面积、改造实际投资、每平方米补偿补助等。

3. 创新设计抽样调查方案。根据棚改地点全覆盖、代表性强、抽取过程客观的原则，按照不少于 20% 的抽样比例，与后评价专家组共同抽取了 A 市 59 个棚户区改造项目进行全面评价。59 个项目涵盖了 A 市所有棚户区改造类型，兼顾了拆旧建新（还建安置房、再开发建设）、修缮修复、只拆不建等 3 种改造方式，同时考虑到了完工、在建两种状态。

4. 创新成功度评价指标体系。结合棚户区改造项目类型、所处不同阶段等方面，从评价棚户区改造全流程上设计了 4 个方面 21 项主要评价指标。在政策与规划评价方面，主要设计了棚改政策制定、与国家政策的符合性、规划计划编制、棚改政策与规划计划的决策及程序等 4 项指标；在前期决策评价方面，主要设计了项目目标、项目决策及程序、项目前期工作、项目方案、资金来源和融资等 5 项指标；在实施与管理方面，主要设计了组织与管理、棚改政策落实、征地拆迁与安置、质量、进度与投资控制、竣工验收、档案管理等 6 项指标；在效果效益方面，主要设计了改造指标完成率、使用或入驻情况、群众满意情况、带动经济社会发展、提升城市承载与服务力、棚改可持续性等 6 项指标。专家根据现场座谈、实地踏勘和现场抽检等掌握的各项情况分项进行评分。

5. 定量评价棚户区改造效果。与以往多以定性评价为主、定量评价为辅的评价不同，此次后评价侧重从定量上客观评价棚户区改造综合效果，研究选取了可获取、有代表性的 5 项量化指标。在民生福祉方面，选择人居面积、优惠购买价格、违章建筑拆除量、自来水和煤气改造量、道路、电力、排水、实体围墙改造量等方面进行评价，量化棚户区居民在居住空间、居住环境及质量等实际效果；在城市品质方面，选择公共绿地、公共空间、配套设施、支路网等 4 类公益用地面积比例，按照全市、区域、具体项目 3 个层级分别评价，量化城市空间布局、综合承载力提升效果；在居民收入方面，选择棚户区居民就业方式、就业人员数量、年收入增加额等方面进行评价，量化棚户区改造对创造就业门路，开辟增收渠道，使区域内所有居民享受改造成果的具体效果；在房地产去库存方面，按照年度统计棚改安置资金补贴户数、补贴资金额、购买商品房面积、购买额等，量化货币化安置对拉动存量商品房销售的效果；在区域经济发展方面，根据棚户区改造与区域规划、产业调整等相结合的要求，综合当地棚改特点，选择乡镇、集镇棚改比例、企业入驻数量、固定资产投资拉动比例、年税收增加额、GDP 拉动比例等方面进行评价，量化棚改对经济发展的综合影响及效果。

6. 引入直接利益者参与调查。考虑棚户区改造目的、要求以及涉及居民相关利益的情况，设计了棚户区改造政策与措施、所在地区改造情况、拆迁安置补偿标准、补偿款及时足额发放情况、安置房质量、安置房按时交房情况、配套市政基础设施及公共服务设施等 8 个方面问题，客观体现群众对棚户区改造工作的满意度。调查方式包括现场调查和随机调查两种，现场调查在召开居民座谈会时同步开展，随机调查主要是对棚户区改造区域居民进行随机采访。综合调查影响及效果等方面，确定按照 9 个县市区棚户区改造涉及居民不低于 5% 的比例开展调查，调查结果具有良好的代表性。

三、后评价有关建议

与传统单个项目后评价完全不同，类似“十二五”棚户区改造这种后评价综合性、政策性更强。为今后更加高质高效开展此类后评价工作，提出如下建议。

1. 明确后评价重点要求。在委托项目、委托关系确定后，建议委托方及时组织后评价承担机构、被评价项目单位、相关主管部门召开后评价实施交流会，明确此次后评价的评价内容、委托方关注的重点以及其他相关的评价要求，以便各参与方有针对性准备下一阶段具体工作。

2. 进一步重视自评价工作。由于此类项目周期长、时间跨度大，往往会出现因管理不规范、人员轮岗调动等致使项目资料不全、甚至部分丢失的情况。建议在自评价阶段，被评价项目单位严格按照自评价要求积极协调各方，全面收集项目资料，并结合不同阶段的政策变化，细致梳理分析项目情况，加强自评价工作质量，以便为后评价工作提供良好的评价基础。

3. 做细后评价各阶段工作。一是在接受委托后，后评价机构要尽快了解项目情况，并积极与委托方沟通，明确此次评价方向及重点。二是在前期准备时，要充分做好后评价工作方案（包括调查方案、对标指标、评价时间安排、专家团队等），并征求委托方意见。三是在现场评价时，要组织专家按照工作方案及现场评价手册要求，有序开展评价，形成专家组意见及专家个人意见，并全面收集照片、纸质等各项资料。四是在形成报告时，内容要综合项目建设及政策执行等方面，突出评价重点，积极征求专家及委托方意见，确保成果质量符合各方要求。

工程项目管理实践中的合同管理工作

安徽省建设监理有限公司

摘　要：通过在某银行（合肥）金融服务中心项目的全过程项目管理工作实践，总结在项目合同管理工作过程中各阶段的任务以及利用合同管理解决项目目标落实、风险应对的思路和成果。

关键词：全过程项目管理　合同管理　合约规划　招标管理程序

一、项目背景

（一）工程概况：总部在北京的某银行于2016年在滨湖新区通过土地市场招标，中标取得徽州大道金融带某地块使用权，决定投资建设该银行的合肥金融服务中心（以下称该项目），总用地面积约10万m^2，规划建设用地面积约9.6万m^2。建设投资估算30亿元（不含土地费用及机房内专用设备费用）。该项目于2016年开始启动，2019年开始开工建设。项目由7座楼栋和一座代建变电所组成，包含了办公、会议、呼叫中心、数据中心、餐饮与宿舍、活动中心等不同使用功能。总建筑面积约为26万m^2，其中地上建筑面积约为19万m^2，地下层局部2层建筑面积为7万m^2，建筑高度最高为168m。其设计标准为满足“绿色三星建筑”要求，质量目标为确保“黄山杯”、争创“鲁班奖”，项目建设周期为5年。

（二）工程项目管理任务与管理环境

在2017年的元月，建设单位全国范围内公开招标项目中，公司一举中标，开始以项目管理公司的角色全面介入该工程的全过程咨询服务。根据合同约定，公司在各个阶段的主要任务如图1。

建设单位根据内部管理程序的要求和过往的其他工程管理经验，制定了如下管理架构：

建设单位要求整个建设过程必须满足现行法律法规的要求，对日常管理规范性几近苛求，所有的管理行为必须按照审批后的流程严格执行，任何批准事项严格按照授权进行。对造价控制的基本模式要求单项工程概算价、合同价、结算价依次限定。

二、现有建设环境下合约规划阶段面临的问题与对策

（一）公共建筑项目实施常用的合同架构及其面临的问题

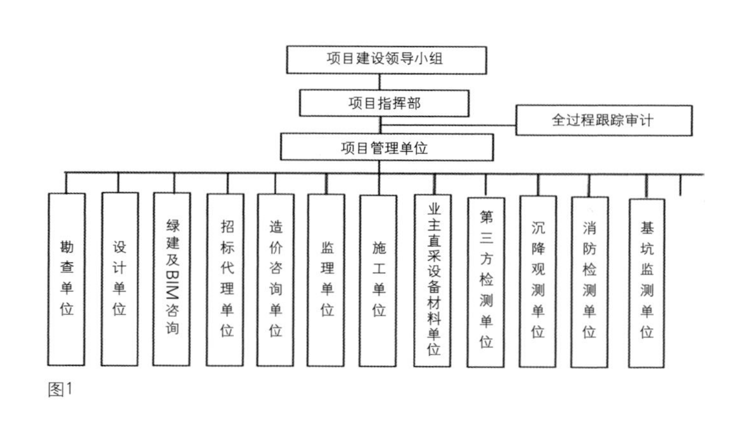

图1

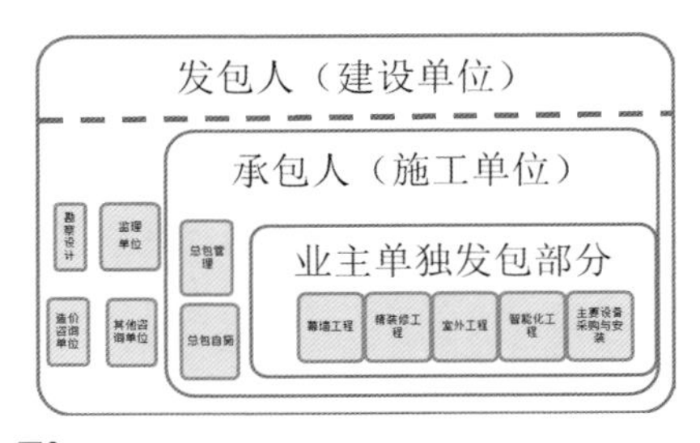

图2

2015 年以前的工程实践中，建设单位较为通行的做法在合约规划多采用如图 2 的方式，其基本特点是：

1. 勘察设计及咨询服务类工作分专业分阶段单独发包；

2. 施工类合同采用平行发包结合总包管理的模式。

这种合同模式的优点是：业主在选择参建单位时发挥主控作用，可以利用现有市场条件，选择各专业中的最优单位，也有利于各个单项的质量及费用的控制。缺点也明显：管理服务工作被人为分割成不同阶段和专业，勘察设计、招标代理、造价咨询、施工阶段监理等，造成管理衔接不够，前后矛盾；建设单位的协调量巨大。施工过程中各自履约造成现场配合矛盾突出，实际难以发挥总包的管理作用，给质量管理特别是安全管理造成隐患。

（二）市场的新要求以及政策导向

建设单位对于建筑行业管理的特殊性和潜在风险认识日益明确，建筑行业发展带来的新设备、新材料、新技术、新工艺快速涌现，所以建设单位主观与客观上都产生强烈新的需求。一是选择专业化单位进行咨询和委托管理的意识日益深入，期望能有一个全过程的咨询或项目管理公司对工程进行全过程全专业的统一管理与协调；二是希望能够将全部工程委托一个有实力的总包企业进行全部的施工及施工管理。

建设行政主管部门也意识到传统分散性管理状态下出现的问题甚至是失控现象，推出政策措施一是开展专项治理，限制和制止建设单位将工程肢解发包，要求工程实施真正意义上的工程总承包，二是鼓励建设单位在管理上委托全过程工程咨询和全过程项目管理，并创造条件培育具有能力的全过程咨询和全过程项目管理企业的成长和发展。

（三）市场的新动态和仍然面临的问题

建设单位对全过程工程咨询和工程项目管理的强烈需求，在现有市场条件下能够较为容易的实现，而且实施以后的风险很容易控制。但是在实施工程总承包模式下，建设单位面临着新的问题及担忧需要解决，比如：

1. 总包单位是否有能力和经验进行全部的施工和管理，如果出现一包了之、以包代管的情况如何应对？专业工程（比如建设单位业务特殊需求、特殊专业内容）总包单位不熟悉，没有经验和能力管理的内容如何处置？

2. 总包在进行专业分包的时候，不以业主的需求为主要导向，而以成本控制为目的，选择的分包单位实力与经验不够或主要设备品质不过关如何预防？

3. 专业分包工程的造价在总包阶段如何控制？

利用合同管理的方法和手段使项目管理工作适应新形势，并解决上述问题，是能否顺利开展项目管理工作，使项目管理工作服务起到增值作用的关键。

三、公司在该项目的项目管理实践中对承包类合同管理实践

（一）合同管理各阶段的主要任务（如图 3）

（二）合约规划的制定阶段

1. 合约规划制定的原则

1）符合建设部门管理规定，不进行违规的分包和肢解发包；

2）符合设计内容并满足业主使用与运维的特殊要求；

3）兼顾特殊专业要求与市场特殊环境限定。

2. 合约规划结构与分类

该项目承包合同按照 4 个类别进行采购（招标）管理，架构如图 4。

A 类总包单位自行施工工程，将通过市场验证总包能够独立完成的内容全部纳入其中：

1）地基与基础工程；2）主体结构工程；3）建筑装饰装修工程（非精装修范围）；4）屋面工程；5）建筑给排水及采暖工程；6）建筑电气工程；7）通风与空调工程；8）建筑节能工程；9）主体结构预留预埋工程；10）人防工程；11）室外工程；12）室外管网工程；13）多联机空调工程；14）集中热水系统工程；15）光

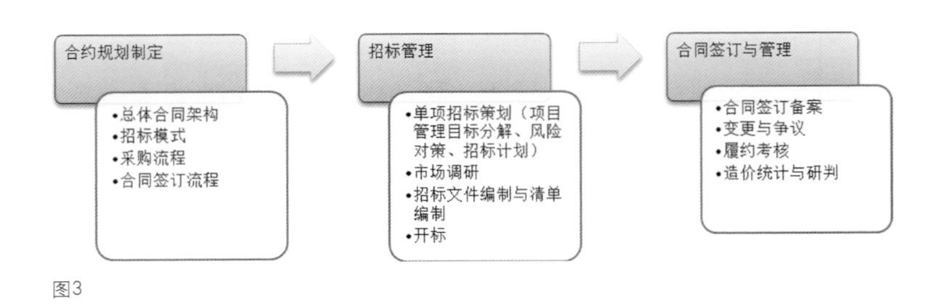

图3

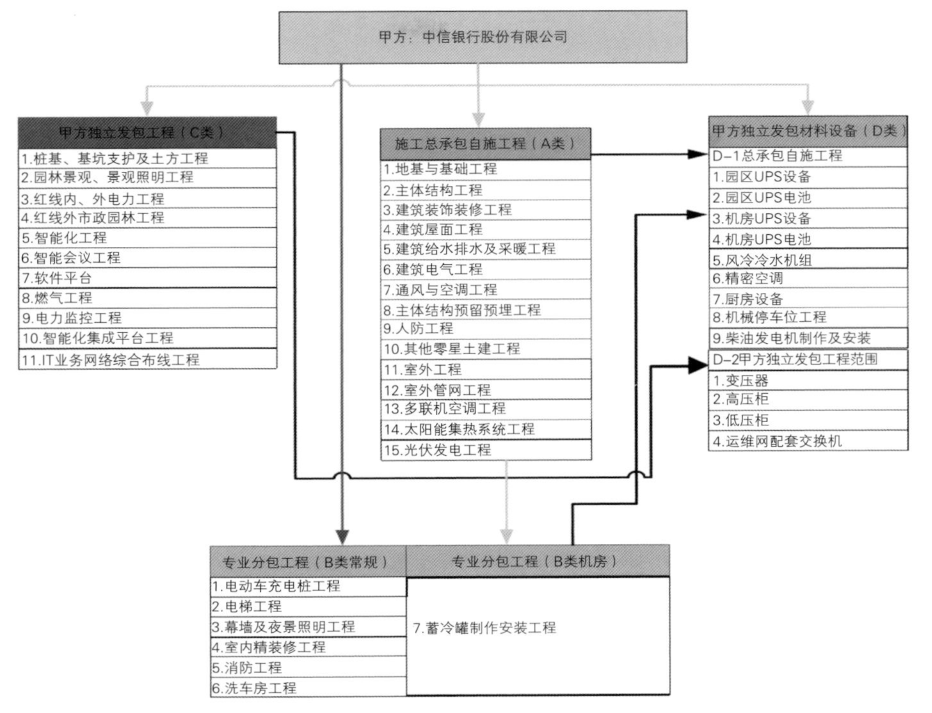

图4

伏发电工程；16）本项目的安装工程中的抗震支架；17）其他零星土建工程。

B类专业分包工程，总包也需要进行专业分包才能择优选定分包单位的关键工程。纳入总包单位总包合同范围内，初步测算价格并以暂定价计入总包合同总价，工程实施过程中在建设单位监督下总包单位依法招标、选择专业分包单位完成，由总包单位与专业分包单位签订分包合同：

1）电动汽车充电桩工程；2）电梯工程；3）幕墙工程及夜景照明工程；4）室内精装修工程；5）消防工程；6）洗车房工程；7）蓄冷罐制作及安装工程。

C类招标人单独发包工程。需要提前施工或专业性特别强（需求特殊的）且各个阶段建设单位介入度很高的工程，或者市场条件限定没有充分竞争条件的工程。限定条件是，这些工程的施工与现场的总体管理关联度不高。建设单位单独招标发包，由总包单位进行管理、配合的工程：

1）桩基、基坑支护及土方工程；2）园林景观、景观照明工程；3）红线内、外电力工程；4）红线外市政园林工程；5）智能化工程；6）智能会议工程；7）软件平台；8）燃气工程；9）电力监控工程；10）IT机房模块内工艺装修工程；11）IT业务网综合布线工程；12）标识标牌供应及安装、交通标识及车位划线工程。

D类招标人独立发包材料设备，与业务流程密切关联的关键设备设施。总包单位进行必要的管理和配合：

D-1总承包自施工程范围：1）园区UPS设备；2）园区UPS电池；3）机房UPS设备；4）机房UPS电池；5）风冷冷水机组；6）精密空调；7）厨房设备；8）机械停车位工程；9）柴油发电机制作及安装。

D-2招标人独立发包工程范围：1）变压器；2）高压柜；3）低压柜；4）运维网配套交换机。

3. 采购方式及主要工作流程

根据建设单位的采购管理流程，在项目实施中定义4种采购方式分类管理：

公开招标，至少3家潜在投标单位发放统一招标文件，由招标代理单位协助建设单位按相关法律法规确定中标单位。配套工作流程为，招标文件审批流程和清单控制价审批流程。招标过程的控制流程依据合肥市建设招标管理中心的规定（如图5、图6）。

竞争性谈判，在规定必须招标的项目以外，原则上选择3家（含）以上单位洽谈。一般在情况特殊时需尽快确定或市场竞争不充分的条件下采用此程序确定合作单位。竞争性谈判审批流程如图7。

单一来源采购，对由于政府指定或行业垄断原因而形成的行政性收费的工程，或者金额小、情况紧急时直接授予的各类工程，通过直接洽谈并授予其合同。单一来源采购审批流程如图8。

专业分包，对于在合约规划中确定的总承包在建设单位监督下的分包工程，专业分包单位采购管理流程如图9。

（三）采购招标管理

单项招标采购策划：其中深色框图内是项目管理公司高度参与（管理）的工作（如图10），重点工作室第一阶段，根据设计要求和市场条件，确定采购模式及采购节点时间，特别是编制招标需求是对合同目标、价格形式及支付方式、管理风险应对、主要合同条款的策划，同时提出招标门槛条件和评标关注点等。

（四）合同管理

1. 合同履约中正常变更管理

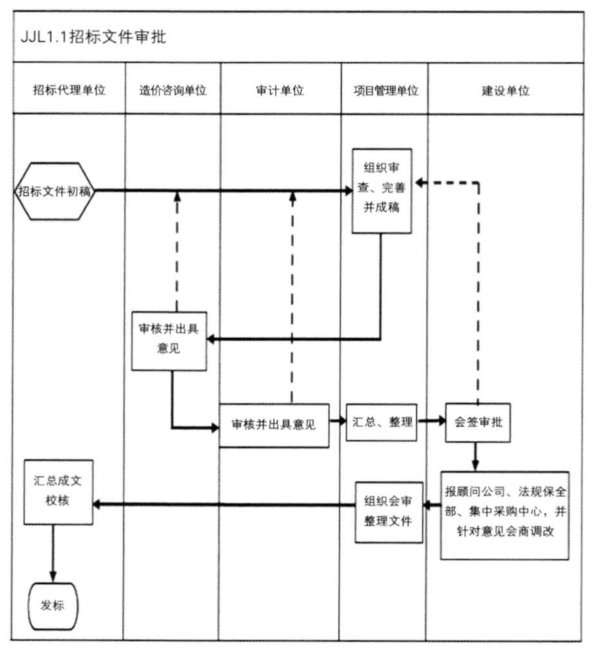

图5

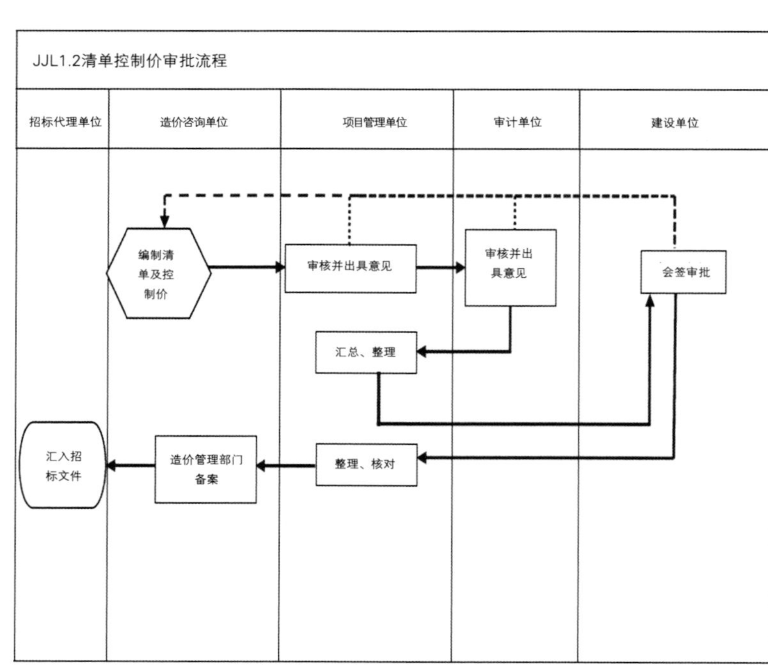

图6

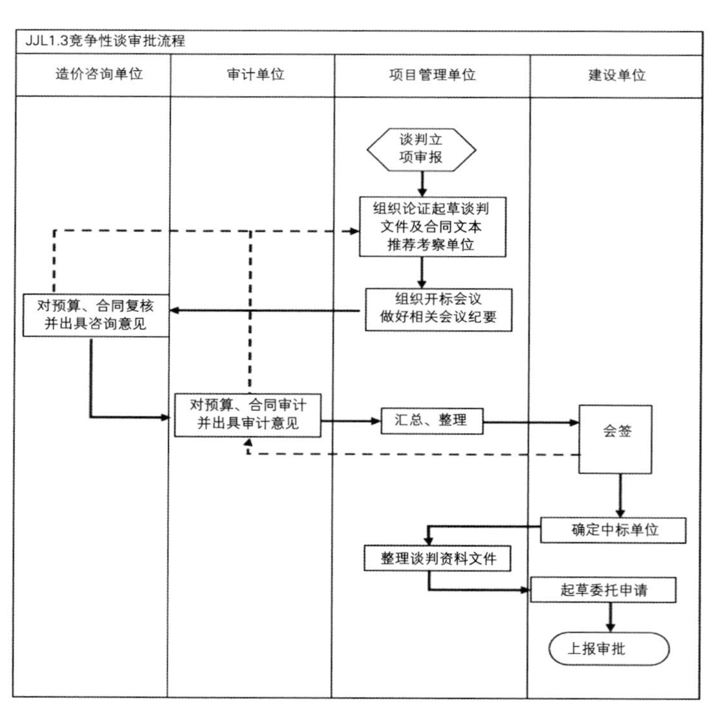

图7

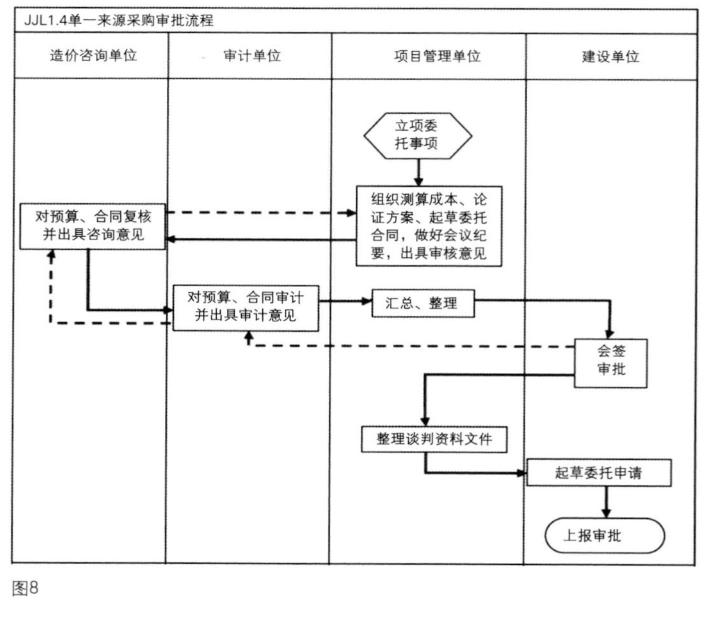

图8

设计变更。在建设单位的同意或要求下，对原图内容进行的修改、完善或优化。一般以经过审图机构审核的施工图为原图，无审图程序的，以发包版图纸为原图。在原图之后的会审、补充、修改、技术核定等均为设计变更性质。

工程洽商指施工单位在施工过程中提出的合理建议，或就施工图纸、设计变更所确定的工程内容以外，施工图预算或预

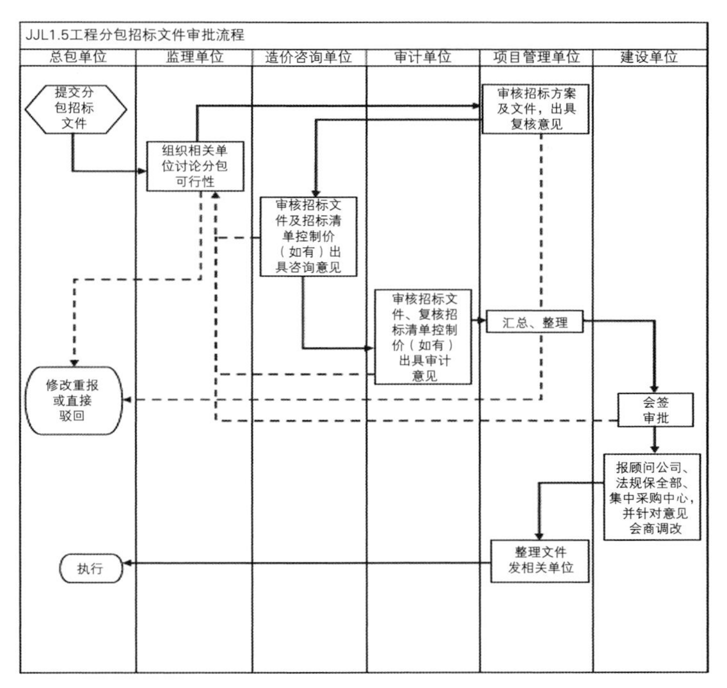

图9

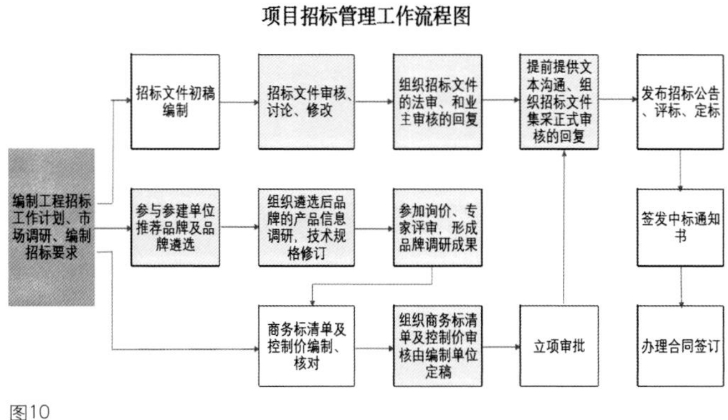

图10

算定额取费中未包含的，而施工中又实际发生费用的施工内容所办理的书面报批文件。工程洽商是施工设计图纸的补充。

现场签证指按承发包合同约定，由承发包双方代表就施工过程中由于零星（时）工作、设计变更或工程洽商所导致的涉及合同价款之外的责任事件所作的签认证明，包括在施工中发生的，且在施工图和竣工图上均无法反映的工作内容（如返工、拆除、报废、合同外新增零星工程量等）。

2. 合同履约考核及管理工作

管理公司在合同生效后从以下几个方面做好日常管理工作：

1）合同生效后，项管公司监督合同双方的履约情况，及时更新《合同台账》，并按合同约定落实双方的权利和义务。

2）在合同履行过程中，一旦出现合同对方违约的情况，项管公司必须保留和收集有关证据，及时处置。

3）做好合同履约评价，按照规定周期对各参建单位进行评价。评价结果与相关单位充分沟通，以提高合同履行效率和质量。在此基础上对判定不合格的承包商的履约风险进行判定，并制定对策。

4）安排合约管理工程师跟踪合同支付动态以及变更动态，与上一级的投资控制指标进行对比分析和判定，提出风险预警和相应措施。

项目管理如何为客户提供有价值的咨询服务

卢小文
湖北公力工程咨询服务有限公司

摘　要：以某图书馆中庭采光玻璃漏斗为例，阐述了在方案决策过程中，项目管理单位通过对方案进行技术、经济、工期、运营等全要素的分析，采取专家论证的形式，对方案进行合理修改，可以引导建设单位作出正确的决策，体现了项目管理咨询服务的价值，对项目管理咨询服务有借鉴意义。

关键词：玻璃漏斗　项目管理　BIM技术　专家论证　价值服务

目前，大型公共建筑工程项目的管理模式往往是一个企业提供监理服务，另一个企业提供项目管理服务，容易形成项目管理偏重于以项目报建管理及设计管理为主，而现场管理仍以监理工作为主的局面。但某些时候，特别是技术复杂的工程，建设单位其实非常需要项目管理单位提供有价值的咨询服务来进行某些正确的决策，这个时候目前的项目管理单位往往显得力不从心。但笔者认为通过专业知识和经验对案例进行系统分析，再辅以BIM技术，是可以解决这一问题并得到建设单位认可的。下面就某图书馆中庭采光玻璃漏斗方案调整的管理咨询过程，谈谈自己的一些经验和方法。

一、项目概况

某图书馆建筑面积5.4万m^2，地下1层，地上5层，主体结构采用钢筋混凝土，主楼、副楼含13个核心筒。图书馆中庭内部造型新颖独特，与外部双曲面幕墙造型互相呼应。内部各个空间通过中庭连接，顶部设置玻璃漏斗穹顶，打造一个开敞明亮的阅读环境。玻璃漏斗穹顶空间造型复杂、结构优美，结合玻璃和灯光亮化，这既是图书馆造型设计的点睛之笔，也是施工最难的部位。

原设计玻璃漏斗结构采用Φ152×5无缝钢管全部焊接，与3mm的折弯钢板、合金基座组成幕墙系统的龙骨，采光玻璃采用不同曲率的6mm+6mm/1.14PVB/6mm钢化夹胶双曲空间安全玻璃，其难度可想而知。

图1　玻璃漏斗设计方案

二、咨询思路

由于玻璃漏斗造型优美，原设计方案很快得到建设单位的审批通过。项目管理部及时意识到了建设单位在方案决策时没有考虑到相应的难度，忽略了可实施性尤其是技术性、经济性，以及工期的控制，忽略了成本因素影响概算控制。

项目管理部通过调查相关案例，同时进行了系统分析，认为必须对原方案进行调整，将原方案中的折弯杆件改为折线构件、双曲玻璃改为平板玻璃进行造型，基本能够达到原设计的效果，同时大大减少了难度，降低了造价。在与建设单位沟通过程中，这种咨询思路迅速得到了建设单位的认可。为了思路能够得到进一步的实施，项目管理部建议在已进行分析的基础上，由建设单位组织专家论证会，邀请有关幕墙设计、施工、造价等专家进行论证，确认已考虑成熟的修改方案。建设单位决然采纳了项目管理部的建议。

为了更好地推进此项工作，项目管理部还组织建立了玻璃漏斗的 BIM 模型，利用 BIM 模型所具备的可视化、模拟性特点，在论证时向专家及建设单位直观地介绍，阐明拟修改的方案能够达到原设计效果，促进了方案论证的顺利进行。BIM 技术的运用，使建设单位对项目管理咨询服务有了新的认识。

三、分析论证

（一）技术性分析

采光玻璃漏斗设计为典型隐框玻璃幕墙，空间网架曲线造型的 152×5 圆管、3mm 的折弯钢板、合金基座组成幕墙龙骨；6mm+6mm/1.14PVB/6mm 曲面玻璃粘接铝合金副框后，再通过压码固定在铝合金基座上。按此方案需将 4 层主次骨架进行空间曲线加工，玻璃进行曲面加工，目前的工艺无法实现，不具备技术的可行性。

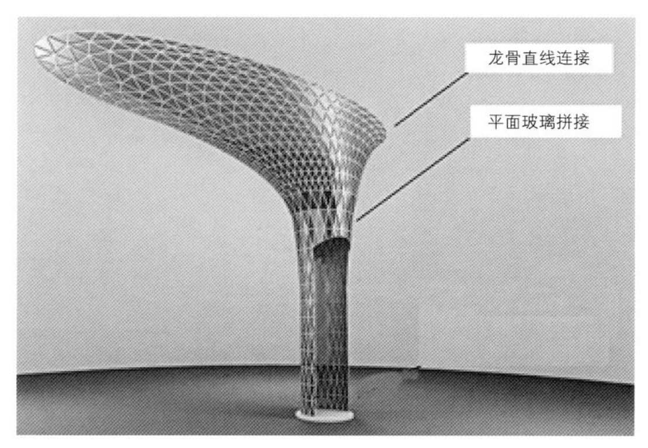

图2　修改方案BIM模型

按原方案网架进行空间弯曲，因为造型误差原因在安装过程中需要不断地校正和调整，难度非常大。而折线网架则较容易精确定位。

曲面玻璃安装时，为使玻璃副框贴合骨架，容易造成玻璃损坏，同时加工、安装难以控制精度。平板玻璃造型则不存在任何问题。

技术性分析的结论，将曲线改为折线模拟、玻璃改为平板玻璃是较为可行的。

（二）案例分析

在调查过程中，项目管理部收集了上海中心、上海世博轴、武汉未来科技城等代表性建筑，通过这些典型案例的分析介绍，引导建设单位接受对采光玻璃漏斗的方案进行修改，同时对项目管理部的工作开始有了认可。

上海中心考虑采用空间双曲玻璃难度大、成本高，精度和效率大大降低。经过优化，平面弧线采用了折线进行模拟，空间双曲玻璃用平板玻璃进行替代。优化方案与项目管理部提出的本工程漏斗修改方案思路完全一致。

上海世博轴形似喇叭，与本工程的玻璃漏斗有异曲同工之妙，都是采用双曲面单层网架结构，上覆玻璃幕墙。世博轴将双曲面造型全部分解为三角形玻璃单元拼接，实现空间曲面造型。

（三）经济性分析

经过市场初步调查，平板玻璃单价为 350 元 /m^2，双曲玻璃为 3000 元 /m^2。在专家进行论证时，某专家更指出了本项目的中空夹胶双曲安全玻璃目前加工难度非常大，平方米单价有可能突破 10000 元，造价无法控制。对 152 无缝钢管、3mm 折弯钢板、铝合金基座、玻璃副框进行折弯加工，也将大大增加费用。而按修改的方案，直接材料费将节省 100 多万元，并且造价是可控的。

通过经济性分析，结论是拟修改的方案更合理。

（四）工期分析

空间网架改直线后省去空间弯曲加工时间，材料从加工到进场安装可以按计划进行组织施工。双曲面玻璃的加工时间长，每块玻璃需要定制模具，加工时间长，现场会出现停工待料的问题。因此，修改方案较为合理且对工程整体工期有利。

（五）维修分析

采用双曲面玻璃，由于每块玻璃需要定制模具，这给在今后的使用过程中玻璃破损后的维修造成了极大的障碍，而采用平板玻璃是不存在维修的问题。

项目管理部在 2018 年 5 月 14 日提出修改方案的思路，在征得建设单位的同意后，经过 10 天紧张而有序的准备工作，于 2018 年 5 月 24 日组织了专家论证。在论证会上，通过以上 5 个方面的分析，修改方案很快得到了与会专家的一致认证同意，采光玻璃漏斗得以按修改方案实施。在此过程中，项目管理部主动、高效的工作也得到了建设单位的表扬。

目前该漏斗处于玻璃安装阶段，已实现了原建筑设计效果，建设单位非常满意。

四、实施情况

玻璃漏斗方案通过论证后，项目管理部立即开展了相应的项目管理工作，积极推进工程进展。方案通过设计单位复核认可后，项目管理部组织施工单位进行了图纸深化设计，钢结构加工制作单位立即开始生产，现场搭设满堂脚手架准备安装作业。

2018 年 6 月 20 日，第一批钢构件进场，现场开始进行流水作业，工厂加工、现场焊接有条不紊。在钢结构焊接的同时，项目管理部组织施工单位对现场有关尺寸进行了复核，及时通知玻璃生产厂家按复核后的尺寸、按照现场进度计划提前加工，并做好现场安装的各项准备工作。

2018 年 9 月份玻璃漏斗钢结构全部焊接完成，并通过了监理单位的验收。现场随即开始折弯钢板安装、防火涂料施工、铝合金基座安装等工序的施工，2018 年 10 月开始安装玻璃，目前玻璃已基本安装完成。整个施工过程非常顺利，质量始终处于受控合格状态，没有出现任何意外的技术问题。在施工过程中，项目管理单位积极组织监理单位、施工单位、专业分包单位做好安全管理工作，没有出现安全事故。安全受控、质量合格、进展顺利、组织有效，项目管理咨询服务进一步得到了建设单位的认可，而方案的合理性、咨询服务的价值也有了充分体现。

结语

项目管理部通过以上提出咨询思路，广泛收集类似案例，进行专业化、系统性的分析，与建设单位充分沟通，通过专家论证会的形式，辅助一定的 BIM 技术，使建设单位做出了科学合理的方案决策，节约了投资、节省了工期，工程得以顺利实施，最终实现了提供有价值咨询服务的目标，这种咨询服务的思路对项目管理工作有一定的借鉴意义。

浅谈总承包模式下内部监理工作实践

康文武
广州南华工程管理有限公司

摘　要：业主直接委托监理公司对工程项目进行监督管理是中国监理制度实施以来的一种通常模式，而在港珠澳大桥澳门口岸管理区项目中，中国港湾建设有限责任公司以总承包模式承揽该工程，并在项目实施过程中引入了监理公司作为内部监理来协助其进行项目管理。在此项目中，内部监理与业主聘请的工程监理同时存在，这种现象在国内外极其少见。本文将结合项目背景来分析内部监理在项目管理中较之通常工程监理所具有的特点，以及在工作方式上应做的转变，为监理企业在工程总承包模式下开展工作提供新思路。

关键词：港珠澳大桥　澳门口岸　工程总承包　内部监理　项目管理

引言

中国建设工程监理制自1988年经试点和稳步发展后，于1996年开始进行全面推广[1]。当前，中国建设工程监理在项目实施阶段的基本模式可以归纳为以下两种：1.项目业主组建建设单位，由建设单位下设独立监理部门全面负责建设监理工作；2.项目业主委托具有相应资质的社会监理企业进行项目管理工作，并依据国家法律、法规、技术标准、相关合同及文件代表业主对承建单位及各分包单位的建设行为进行专业化监控服务。其中业主直接委托监理企业对工程项目实施监理是中国乃至国际上通行的监理模式，本文将这一模式的监理行为称为“外部监理”。近年来，中国港湾建设有限责任公司（以下简称中港）以工程总承包模式承揽了很多海内外项目，为了发挥项目管理职能、进行专业化分工与合作，中港引入了“内部监理”，即聘请专业化的监理队伍代表中港管理分包单位，对建设全过程或部分阶段进行专业化管理。

内部监理直接受委托于总承包单位，与通常情况下的工程监理（项目业主委托的监理单位）存在明显的区别。作为澳门口岸管理区项目内部监理机构的一名监理人员并通过一段时间的监理工作，对此有一定的认识和体会。本文将结合工程背景，重点对内部监理在这一模式下所具有的特点和工作上应做的转变进行初步探讨，期望能为具有类似特点的监理工作提供借鉴。

一、工程概况

港珠澳大桥澳门口岸管理区项目位于珠澳人工岛东面，包括旅检大楼、境内停车库、境外停车库、市政及外围4个标段工程。其中境内停车库为珠澳口岸人工岛澳门境内的主要停车场所，总建筑面积177825m^2，设计为地下1层、地上6层（包括地面层、地上一层至五层），总建筑高度20.32m；境外停车库在旅检大楼东面，总建筑面积190178m^2，设计为地下1个停车层、地上6个停车层，天台层结构标高为20.1m（相对标高）。项目实施各方的管理运行图如下：

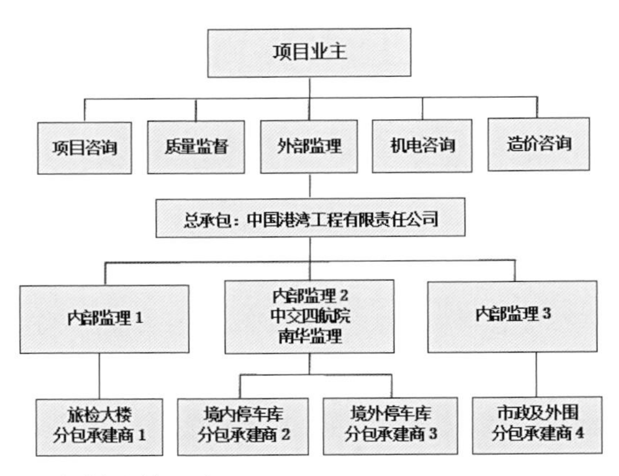

项目实施各方管理运行图

二、工程特点及难点

（一）社会关注度高

港珠澳大桥是世界最长的跨海大桥，是国家重大工程，也是澳门特区政府重点建设工程，政治敏感度高，必将受到政府、社会各界及媒体的高度关注，其投资、工期、质量、安全环保等管理工作将时刻成为关注监督的焦点。

（二）工期紧、任务重

港珠澳大桥于 2009 年 12 月 15 日由时任国务院副总理李克强出席仪式并宣布正式开工建设，计划 2017 年 12 月 31 日前建成通车。澳门口岸管理区项目作为港珠澳大桥的重要组成部分，其主体工程于 2016 年底开始施工，必须与大桥主体同步完工。本工程钢筋混凝土工程量大，且施工周期内历经春节和台风雨季，工期紧、任务重是工程的难点之一。

（三）施工部署、协调管理难度大

整体项目具有多区域、多标段、多专业单位同时施工，地下管线复杂，临时设施用地紧张等特点，标段之间接口连接紧密，大量施工机械设备、周转材料、施工人员同时进场工作，施工强度高，施工点多面广，且标段之间场地移交时间紧密衔接，如何有效做好施工部署和内外部协调管理工作是本工程的难点之一。

（四）施工质量控制难度大

在设计和施工规范、标准执行中，大陆现行规范和标准与澳门现行规范和标准并用，如何准确并熟练使用这些规范和标准无疑给技术管理工作增加了难度。同时，本工程施工质量要求严，对大体积混凝土施工、防水施工、自流平地坪施工、预应力施工、高支模施工以及清水混凝土等施工的高质量要求是本工程的一个重点与难点。

（五）安全文明施工及环境保护要求高

本工程须符合澳门地方工程施工安全管理要求，并满足国内施工安全要求，在塔吊安装拆除、群塔施工作业、高支模施工、临边作业、防台组织等方面的安全管理难度大。

本工程所在珠澳口岸人工岛处于珠海出海口位置，北面与珠海相望，西面与澳门相望，如何确保施工过程中不对周边环境造成粉尘、排污、海洋污染等影响，是本工程的重点之一。

（六）工作环境与强度对参建人员考验大

整个珠澳口岸人工岛可供材料和人员进入的通道只有连接珠海由边防把关的一条栈桥，交通状况极为复杂。参建人员出入人工岛十分不便，岛上也因无国内信号覆盖而不方便通信联系，基本与外界脱节，气候条件差，且施工期间经常会面临停水停电的困扰。加之项目工期紧、工程量大，参建人员每天要面临着长时间、高强度的工作，长期处于高压状态，对身心是一个极大的考验。

三、内部监理在总承包模式下的特点

（一）与业主没有合约关系

中国自实行建设监理制以来，监理单位的招标委托大体上是由业主单位运作的，业主对承包单位的管理也大多是通过监理单位实施的。而在本工程总承包模式下，内部监理直接受总承包的委托，对标段施工单位进行监督，相对于项目业主、设计等方，内部监理工作仍属于施工管理范畴，它与传统监理模式的差异显而易见，不再与业主存在合约关系，既不直接接受项目业主的任何指令，也不需向其汇报或者请示工作。内部监理相当于总承包项目部的一个职能部门，与总承包项目部就各标段分包承建单位的施工质量、安全等进行共同监管、协调，在总项目部的管理活动中扮演着一个承上启下、沟通纽带的角色。内部监理工作更应该全方位、全过程深入到施工现场第一线，及时发现问题，协调、处理问题。

（二）作为总承包项目经理部的“管理延伸”

工程总承包单位具有资源整合、外部协调、投资和工期控制等宏观管理方面的优势。比如在项目的初始阶段确立设计与采购、设计与施工、采购与施工、施工与试运行等相互之间的接口关系，做到科学、有效、合理的衔接[2]。在项目实施过程中，以进度、质量、安全、投资控制为重点，对项目进行全过程全方位的综合管理。同时，可以通过深化设计或优化设计方案，进行多方案的比选后选择先进、经济、合理的设计方案，实现节约工期、简化施工和节省工程投资的目的，并确保工程投产后的经济、社会和环境效益。

然而，工程总承包单位在项目实施过程若要实行全面细致的管理，需要拥有各专业较雄厚的技术力量，以及足够的项目管理人员和一套成熟的体系文件[3]。显然，在工期紧迫的情况下难以立即配置一批得心应手的管理人员和形成完善的施工过程管理文件。在此情况下，总承包单位引入监理企业作为内部监理，依靠监理企业稳定的人力资源输出，充分发挥监理企业在施工质量和安全管理方面程序化、规范化和标准化的专业水平，为其提供管理支撑和监督协调，约束各标段施工单位的不合规行为，以实现管理资源的最优化。

内部监理作为项目建设实施过程的微观监督、管理者，掌握着项目的实时动态信息，有利于总承包单位在进度、质量、安全和投资控制上的整体把控。因此，内部监理与总承包单位的结合是优势互补，是总承包项目管理的延伸和拓展，是一种宏观管理和微观管理的有效结合。

（三）以“监、帮、促”服务于各标段承建单位

在总承包模式下，内部监理在合同约定的职权范围内，在总承包单位的充分授权下开展各项监理工作，为总承包单位的工程目标服务。然而总承包单位与各标段承建单位之间的合作关系也决定了工程的共同目标和关注重点。因此，内部监理与各标段承建单位的关系就不完全是监理与被监理的关系，而是更多地要求内部监理在审查、监控、督促各标段承建单位的同时，尽可能多地给予指导、帮助和服务。

具体实施中，内部监理要起到一个“监督、帮助、促进”的角色。比如对于各标段承建单位提交的施工方案的审核，不只是简单地指出其某些方面不满足合同、设计、规范或标准的某些要求而退回修改，而应提出合理化建议或要求，使其能满足施工质量、安全控制和达到设计要求。在工序施工质量控制环节，当施工质量不能满足要求时，从样板施工过程、施工技术交底及作业工人的操作指导上，对影响质量和安全的因素做深入细致的工作。另外，内部监理在各方关系协调、工序验收、材料验收、计量支付等方面都要积极跟进、缜密高效，及时协调处理存在的问题，以“为工程着想”的服务意识，服务对象由总承包单位拓展到各参加主体。

四、总承包模式下内部监理工作如何转变

（一）需要配备整体素质更高的监理班子

总承包单位往往具有对工程设计、采购和施工的综合管理和控制能力，以及较强的商务能力和法律知识，但其对工程具体实施过程的参与程度和控制力度低，能投入的人力和精力有限。因此，作为直接受托于总承包单位的内部监理，应该充分发挥监理在“三控两管一协调”上的优势，在各层面、各专业上配备足够的监理人员进行施工全过程管理，以达到优势互补的效果。

此外，总承包单位出于项目管理的需要，项目部自上而下配备的人员均具有较强的技术实力和工程经验，以在工程建设的管理过程中发挥主导地位。因而内部监理与之对应层面的人员也应要具备相应的素质、水平和工程经验，才能适应授权内部监理的管理范围和深度，顺利地开展各项监理工作，否则，势必会造成比较被动的局面。这就要求内部监理选派各个专业的优秀人员，组成一支素质较高的监理队伍，以充分发挥内部监理的有效职能，为总承包单位提供优质的服务。

（二）需要妥善处理质量、进度和费用之间的关系

"质量优、进度快、费用低"是工程项目建设的理想状态，然而质量、进度、费用三大目标之间彼此制约、相互影响，任何一个目标的变化，都会引起另外两个目标的变化，并受它们的影响和制约。如若处理不好三者之间的关系，势必会形成失控的局面，造成恶性的发展。因此，如何处理三者之间的关系，使其形成一种互相促进、良性发展的局面，是项目各参与方需认真考虑的问题。

总承包单位在业主合同的强大约束下，除了保证工程质量和节约成本，对进度方面的要求显得更为突出。内部监理作为总承包单位的管理延伸，在处理质量、进度、费用三者关系时应更多地站在总承包单位的立场出发，坚持原则、守住底线，务实高效，最大限度发挥项目的建设效益。对澳门口岸管理区项目境内、外车库而言，业主对工期作了明确要求，年底务必完成。中港要求以最快进度进行施工，那么各施工标段必须有充分的施工投入，并科学组织，在确保质量和安全的前提下最大地实现施工高效。这个时候，内部监理的管理方式较常规就应有一些突破和发展，但这些转变不是盲目的，应是有底线的。比如关键工序的施工进度会直接影响实际总工期，要加快其施工需采取特殊措施，如采取加班作业、缩短工序间隔时间、优化"三检"程序等。由此可见，总承包模式下的内部监理应该有超前的、高瞻远瞩的思维，当某些措施有悖于常规、但对工程有促进作用时，应与总承包单位及各标段承建商甚至其他参建单位一起协商、探讨、论证和确认，一旦取得一致意见，应允许采用。

（三）需要加强全过程的沟通与协调

在各标段施工过程中，由于工期紧、任务重、投入大、工作强度高，规章制度、培训与教育手段等难以完全有效地约束施工行为，施工中不断或反复出现各种违规违章行为，存在质量通病和质量安全隐患。一方面需要内部监理全程跟踪、及时发现，另一方面需要及时妥善处理。这就需要内部监理组建信息部，安排专人进行指令的接收和信息的传达，并以书面形式进行沟通，规范管理行为。同时，通过建立项目管理信息网络（OA 系统、QQ 和微信平台），实现高效、迅速并且条理清晰的信息沟通和传递，使项目管理领导者快速、准确地进行决策，提高工作效率，加快工作进程。

此外，监理机构在整个工程建设过程都要与各标段承建商进行工作交往。内部监理是架在总承包单位与承建商之间的桥梁，需要随时进行彼此的沟通和协调。在总承包模式下，参建各方就某些问题的立场和看法会不尽一致、处理问题的方式也难统一，如若各方都固执己见，不进行有效沟通，结果只会造成问题搁置，甚至争议不休而影响工程进展。此时，内部监理应组织召开监理例会和现场协调会，搭建沟通的平台，通过沟通与协调去了解信息、寻求问题的解决途径，并把沟通作为一种工作方式，体现在日常的监理工作之中。通过澳门口岸管理区项目境内、外车库工程监理工作的不断探索和总结可知，沟通与协调是化解矛盾、解决问题的捷径。

为此，内部监理理当以取得良好的监理效果、为总承包单位提供优质的服务为其追求的目标，始终坚持多沟通、勤协调，及时化解监理工作中的矛盾和争执，进而营造和谐、良好的合作环境。

（四）监理资料根据总承包单位的要求整理

通常情况下工程监理单位应在工程竣工验收前将监理文件资料按合同约定的时间、套数移交给业主单位，业主单位在工程竣工验收后 3 个月内向城建档案管理部门移交一套符合规定的工程档案。

然而内部监理作为总承包单位的一个质量部门，其资料不需要移交给业主单位，也不需进行存档，只是作为施工过程中总承包单位的一种控制文件、过程记录和支付凭证等。内部监理资料的整理完全根据总承包单位的具体要求而定，没有统一的格式和要求，因为更加体现了内部监理的服务性。

参考文献

[1] 周国恩，肖湘．工程建设监理概论[M]. 中国建材工业出版社，2015.
[2] 廖汶．EPC 外资项目中监理公司的作用[J]. 石油化工建设，2005，27（1）：25–27.
[3] 易承生，胡耀宗．国际总承包工程特点及分析[J]. 中国港湾建设，2014（6）：106–108.

低成本高效率工程项目管理与监理一体化工作模式探索

——以某承担回迁安置任务的住宅工程为例

王李曼

上海建科工程咨询有限公司中原公司

摘　要：针对一个具体的工程项目，从工程项目管理监理一体化的合同模式入手，探索如何实现低成本高效率的项目管理与监理一体化服务，以迎合中小型项目的市场需求。

关键词：工程项目管理　监理　结构一体化

前言

随着国家对民生工程的日益重视，政府投资建设项目逐年增加。政府项目在进行工程建设的同时，承担着一定的社会责任及影响，因此对工程的质量、安全、进度、职业健康与环境、投资控制等各个方面都有着较高的要求。但承建单位缺乏工程项目管理经验、缺少工程项目管理专业人员的情况很多，那么按照要求完成建设任务就会存在很大的风险与挑战。因此建设单位需要采取一定措施，在满足工程资金限制要求的基础上实现提高项目管理水平的目的。

工程项目管理与监理一体化是指一个工程建设项目由一家单位统一负责项目的各项管理工作，即将项目管理工作与监理工作合二为一。对于政府项目、中小型建设工程，一体化的合同模式理论上在节约项目投资，提高项目管理效率方面能够起到较好的效果，但具体的工作方法，仍需在工程实践中进行探索。

一、工程概述

本项目位于某市主城区内部，占地面积 42648.62m^2，总建筑面积 178154.58m^2。其中，地下建筑面积约 28817m^2。项目由 7 栋高层住宅单体和 3 块多层商业单元组成，项目计划总投资约 80000 万。项目住宅总套数 1417 套，约 13.8 万 m^2，总安置还原 927 套，实际安置面积达 8.8 万 m^2，商品住房剩余 490 套，约 5 万 m^2，是区政府拆迁复建的一个重点项目。该建设项目为建设单位承建的第二个项目，项目的工程部、销售部人员缺乏项目经验，自身管理力量薄弱，因此希望借助项目管理监理一体化的合同模式，实现对项目包括报批报建、设计施工、销售等内容的全方位全过程管理。

二、围绕一体化工作内容，制定一体化工作方案

（一）根据项目特点，确定组织模式

“一体化”有 3 种应用模式，分别是：

1. 运作一体化：该模式适用于大型复杂工程，项目管理、监理有相互独立的团队，具有职责清晰、人员充足、负责人责任明确的特点；

2. 组织一体化：该模式适用于群体工程项目，单体由各监理团队管理，项目管理负责整个项目群

的管理，具有资源集约、指挥系统强，但是项目经理责任分散的特点；

3. 结构一体化：该模式适用于中小型、结构形式简单、技术难度偏小的工程，项目经理代总监，监理整合于项目管理团队，具有资源共享，指令单一快捷的特点。

本项目为普通住宅工程，工程技术难度较低，施工单位的住宅工程施工技术成熟、工程管理经验丰富，同时结合业主低成本管理投入的需求，确定一体化操作模式为结构一体化模式。即项目管理与监理组建一个团队，设置项目经理（代总监），配置施工管理工程师（由各专业监理工程师组成，主要负责现场施工质量进度）、安全管理工程师、合约管理工程师、造价管理工程师、设计管理工程师、前期配套工程师，如下图所示。

（二）分析项目重难点，制订工作计划

综合分析本项目，难点主要集中在前期配套、投资合约等管理方面，具体包括：

1. 本项目由于业主方缺乏工程经验，导致前期所做的工作存在较多不规范，部分行政审批手续的办理资料不完整，与项目管理团队的交接工作不完善，配合度较低。

2. 由于项目管理团队为非本地企业，对当地建设工程审批流程、招投标流程、工程惯例等不熟悉，因此在前期报建及招采管理方面存在一定困难。

3. 一体化团队由转型中的监理团队组成，前期业务主要以监理为主，项管力量不够完备，在合约造价管理方面较为薄弱。

首先针对自身在合约造价管理方面的薄弱点，建议业主引入专业的第三方，跟踪审计单位，项目

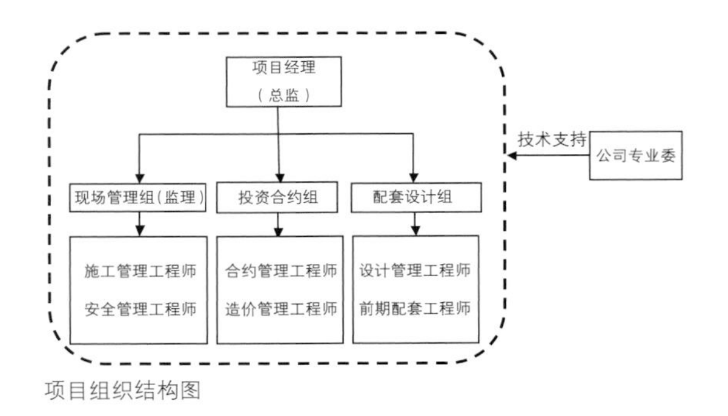

项目组织结构图

管理单位与跟踪审计单位相互配合，进行项目的合约造价管理工作。其次，梳理业主方交接的资料，尽快完善所缺内容，同时向行政审批手续办理涉及的相关政府机关咨询当地办事流程。最后与现场施工进度计划相结合编制项目管理工作计划。

对于本住宅工程，室外道排、绿化、弱电智能化、燃气、供水、供电、通信等配套设施的招采工作应与现场施工进度紧密衔接，确保现场相关预留预埋工作的准确性。“一体化”工作模式有利于现场施工管理工程师与前期配套工程师、设计管理工程师的及时沟通，提高工程质量。

由于本项目包含拆迁安置房和商品房，为了确保商品房销售工作顺利进行，根据计划开盘时间倒排拆迁安置房型配比工作完成时间、安置回购合同签订时间、物业与销售代理招标完成时间、预售许可证办结时间。工程进度应满足销售计划对现场完成情况的需求。

综合考虑上述情况，项目管理团队制定了项目管理全景计划、年度项目管理工作计划等一系列工作计划。计划明确了里程碑事件、重要工作节点，为后续项目管理工作的开展明确了方向。

（三）制定工作制度，实现各专业组分工明确组、配合密切

1. 资料体系

“结构一体化模式中”监理与项目管理是同一个团队，但是具体工作分工还是比较明确的，监理（现场管理组）侧重于现场质量及安全的管理，投资合约组、配套设计组侧重于政府手续办理、招标采购及合同管理，资料的收集与归档工作也具有一定的独立性。按照公司体系文件的要求，分别按照监理业务、项目管理业务对资料归档的要求进行资料的收集与整理。

2. 会议制度

监理与项目管理的工作相辅相成，监理是项目管理在进行设计、投资、计划管理时重要的技术支持，项管工作结合现场施工情况，推动现场各项工作有序进行。在日常工作中，每周开展监理例会，重点梳理一周内质量、安全检查验收过程中发现的问题及

整改情况，除此之外，每周还要开展项目管理例会，向业主汇报各项工作进展程度，对于进展困难的工作，向业主说明原因，分析原因并讨论解决问题的方法，加强与业主沟通，尽量得到业主的理解与支持。

3. 工作报告制度

由于业主缺乏工程管理的经验，且工程部人员配备不足，缺乏深入参与项目中的各项工作的时间与精力，因此赋予了项目管理团队一定的决策权。基于业主的诉求，项目管理团队对项目管理工作中的个别资料表式作了更改。以工程联系单为例，对于仅涉及技术问题的联系单，如果未涉及设计变更，签署监理意见与项管意见即可实施，如果涉及设计变更还需设计单位签署意见；对于涉及工程价款变更的联系单，监理与项管签署意见后，项管单独向业主报告，将相关事项做简明扼要的说明，并以联系单的形式发给业主，待业主审批。

工作报告制度，免去业主对其不擅长的技术审查过程的参与，减轻了业主方管理事物的负担，但这样做提高了对项目管理团队服务质量的要求。业主完全信赖项目管理团队对工程问题的决策，作出决定前只参考项目管理的意见。这需要项目管理团队中各专业组密切配合，遇到自身非擅长的领域，积极向专业的第三方或者公司的技术力量寻求支持，做到每项决定都有理有据，以赢得业主方的信任。

三、项目管理监理一体化下的销售管理

由于本项目业主方销售部为临时组建，缺少专业的销售管理人员，因此，业主将销售相关事项也纳入了项目管理团队的工作范围之内。但是本项目的项目管理团队前期业务中也没有涉及过回迁安置及销售的相关工作。针对该问题，项管团队向公司专业人员咨询，发挥主观能动性，在回迁安置及销售工作开展之前，做好相应的协调及准备工作，尽量减轻业主方回迁安置及销售工作的压力。

项目管理团队为积极推进各项与销售相关的事宜做了一系列的工作，例如：项目管理团队及时了解政府对于保障性安居工程的政策倾斜，进行相关资金申请，减轻业主方资金压力。积极配合政府部门与其共同进行安置房户型配比工作，对安置房回购合同模板的全面性、合理性认真研究，以保护业主方的合法权益。尽早开展业主方与政府部门的沟通工作，推进安置回购合同的签订，加速资金回流。开展房源分析工作，对项目进行初步成本测算，为业主确定单平方米备案价格提供参考。制定物业及销售团队招标计划。提供售楼处装修方案及预算。

四、结构一体化模式的效果

目前项目质量、安全文明管理均在可控范围，进度管理由于政府扬尘防治工作实施的政策性停工而导致滞后，正在采取措施积极弥补工期偏差，设计管理、招标采购管理、合同及造价管理均配合现场施工进度有序进行中。销售相关的各项事宜也在积极推进中，结构一体化模式的应用在本工程取得了较好的效果。

结语

本文以一个具体的住宅工程为依托，验证了“结构一体化”项目管理监理一体化工作模式低成本高效率的特点。诸如该工程，前期不规范、市场不规范、小业主大监理的情况是中小城市建设中的通病。通过参与此类项目，摸索出一种监理向项目管理转型模式，形成一种低成本全方位服务的项目管理模式，是当前监理适应市场需求的一个较为明确的方向。针对中小型建设项目、投资有限的政府项目，如何将低成本高效率的一体化管理模式形成完整的工作体系，仍需进行进一步的探索。

参考文献

[1] 邓绍伦，薄卫彪．监理企业从事项目管理与监理一体化的探索[J]. 建设监理，2010（02）：15-19.

[2] 王学颖．社会事业和高等院校建设项目代建监理一体化探索[J]. 中国招标，2016（23）：26-28.

[3] 谢晓如，张国军．公路建设项目代建监理一体化模式试点与探索[J]. 中国工程咨询，2017（08）：67-69.

调研分析山西省工程监理行业发展现状制定企业发展战略

姬海力
山西晋利源工程项目管理有限公司

摘　要：近年建设工程项目发展迅速，山西省监理公司及注册人员不能满足市场要求，单位可提供项目咨询、招标代理、造价咨询、项目管理、现场监督等多元化的“菜单式”咨询服务，市场完全开放的领域主要集中在房屋建筑工程监理和市政公用工程监理领域，公司发展地区预定为环太原市地区，竞争对策为实施品牌战略，形成特色。

关键词：市场现状　政治法律环境　竞争分析　未来发展

引言

近两年，建筑业市场化程度加大，工程监理竞争激烈，市场规范化程度加强，中国的工程监理经过几十年的发展已形成了一定的规模，取得了明显的社会效益和经济效益，随着建筑市场的发展，也出现了很多问题和误区。面对目前工程监理的现状，监理企业如何发展，如何为业主做好服务，如何按照国家有关法律法规要求管理好工程是我们每一个监理企业和监理人员都应认真思考的问题。在现行管理体制下，针对各工程项目的特点，采取相应的管理措施，协调各种关系，群策群力管理好项目，力争使项目安全文明、质量、进度、投资有效控制，圆满完成工程监理任务。在此，我们针对目前工程监理存在的问题进行了剖析，并提出了一些观念与对策和大家一起探讨。本文从市场、政策、公司3个层面着手，对山西省监理行业现状进行调研，为公司发展提出对策。

一、监理市场现状

（一）山西省监理市场供给分析

依据住建部统计，全国32个省级区域，近8000家监理公司，每个省约250余家监理公司。截至2018年1月，全国注册监理工程师189684人。

依据山西省住建厅统计，截至2018年1月，本省备案监理公司242家，注册监理工程师5690个。

依据山西省投资项目监管平台，2017年1月至2018年1月，全省投资项目27727个，总投资29491.66亿元。其中建筑业投资项目2012个，占比15%，水利环境交通投资项目1853个，占比30%，房地产投资项目1111个，占比18%。

依据全国公共资源交易平台，2017年1月至2018年1月，全省交易项目25913个，其中工程建设交易项目7443个。

综上，山西省监理公司及注册人员不能满足市场要求。如按注册监理工程师全部在职在岗统计，仅能满足76%的市场需求；实际操作中，许多注册监理工程师不具备上岗条件，市场缺口较大。造成必须由外省监理公司及注册人员进入本省市场。

（二）市场发展情况

依据国家统计局数据，建筑业投资占全国固定资产投资39.25%，其中基础设施投资由2015年的10.13%增长至2017年的20%，房地产开发投资增长至10.77%。

全国在建工程各项目类型中，居住建筑、商业建筑以及园林绿化建筑占比名列前三，分别为12.36%、10.28%、9.33%。

全国建设行业各公司用户数量中，监理公司占5.02%。山西省11个地级市，除阳泉市建设工程相对较少，其他地市近年建设工程项目发展迅速。

二、监理行业政治法律环境

政策环境对行业的影响

2015年2月11日，国家发改委《关于进一步放开建设项目专业服务价格的通知》（发改价格〔2015〕299号），监理取费实行市场调节价，原《建设工程监理与相关服务收费标准》同时废止。

2015年9月2日《山西省住房和城乡建设厅关于进一步加强监理工作的通知》（晋建市字〔2015〕183号）要求，推动监理公司创新发展：1. 鼓励监理公司做大做强，通过强强联合、重组兼并等多种方式，优化监理行业资质结构；2. 积极推行项目管理，积极向上下游产业链进行拓展，提供招标代理、造价咨询等中介服务，增强公司综合实力，逐步为工程项目提供全方位、全过程的咨询服务。

2017年2月21日，《国务院办公厅关于促进建筑业持续健康发展的意见》（国办发〔2017〕19号），淡化公司资质，强化个人执业资格。

2017年7月7日，住房城乡建设部印发《关于促进工程监理行业转型升级创新发展的意见》（建市〔2017〕145号），促进工程监理行业转型升级、创新发展，目标为提供全过程工程咨询服务的综合性工程建设咨询服务公司，任务引导监理公司服务主体多元化。创新工程监理服务模式，鼓励监理公司在立足施工阶段监理的基础上，向“上下游”拓展服务领域，提供项目咨询、招标代理、造价咨询、项目管理、现场监督等多元化的“菜单式”咨询服务。

三、本公司行业技术环境及竞争分析

（一）公司发展资质分析

1. 公司主营业务及资质：房屋建筑工程监理甲级、市政公用工程监理乙级。

2. 监理公司资质分布情况来看，市场完全开放的领域主要集中在房屋建筑工程监理和市政公用工程监理领域；市场部分开放和没有开放的领域有电力工程监理、水利水电工程监理、铁路工程监理、公路工程监理、石油化工工程监理、冶炼工程监理、矿山工程监理、农林工程监理、通信工程监理、港口与航道工程监理、航天航空工程监理等，仍未涉足。

3. 建设、交通、铁道、水利部门分别对本行业的监理公司进行管理，在一定程度上限制了监理公司的跨行业经营；通过对太原市合作监理公司的对比研究与考察，住建部发放的公路工程资质几乎全部为乙级，公司不愿意升级甲级，原因是公路局备案要求交通运输部发放的公路监理资质，建设部发放的公路监理资质不能使用。

（二）业主分析

建筑市场上投资主体多元化，监理公司的服务对象主要有3种：

1. 房地产公司，以工程建设为主业，经常从事建设活动的业主，常年从事建设活动，对建筑市场较为熟悉，有一定的项目管理经验，但受到相关法规的限制，一般都有几个比较满意的监理公司作为公司长期的战略合作伙伴，交易费用较低。

2. 政府工程建设管理部门，受到国家相关法规的限制，必须通过公开招标的方式确定监理公司，交易费用相对较高。

3. 一次性业主，不以工程建设为主业，不经常从事建设活动，对建筑市场不熟悉，费用不高，监理公司获得监理任务往往是偶然的，造成监理公司将更多的精力放在如何获取监理任务上，而不是努力提高自己的服务水平上。同时，因信息被业主少数管理人员垄断，从业人员为了获得监理任务，就会借用监理公司资质，造成挂靠行为，这也是挂靠行为产生的重点区域。

（三）监理公司财务收入分析

1.依据国家信息中心数据，监理公司的财务收入主要由监理收入、招标代理收入、造价咨询收入、项目管理与咨询服务收入以及其他收入5部分构成。

2.监理公司收费现状分析

2015年9月23日，山西省监理协会印发《山西省工程监理费计费规则（试行）》：1）费率取费；平均综合费率1000万元3%，10000万元2.2%。2）平方米单价取费；1万m^2房屋建筑面积50元/m^2，6万m^2房屋建筑面积40元/m^2，10万m^2房屋建筑面积36元/m^2，20万m^2房屋建筑面积32元/m^2。

但文件不具强制性，事实上监理市场价格低迷。以晋中市为例，在不开增值税发票的情况下，费用为12~15元/m^2。

3.监理公司同质化严重，核心竞争力缺乏，造成监理公司总营业收入降低。

与整个建筑业市场相同，监理公司间因同质化，客观形成监理取费低，严重地影响了监理公司服务水平的提高，已经陷入恶性循环的境地。同时监理服务的需求巨大，挂靠、转包等现象较多，

监理公司的服务价值与所获报酬不匹配，同时造成人才流失严重。反过来，当监理服务的价值低于其获得的监理报酬时，业主就会降低监理费用的支出。加之信息的不对称，业主会认为市场上大部分监理公司提供服务的价值都是一样的，也只愿意按照最低的取费标准来支付监理报酬，而先前较规范的监理公司因为投入多，成本高，其利润反而较低，为了追求较大的利润，也会降低服务水平。从全社会来看，监理所提供服务的价值就会低于其所获得的监理报酬。

（四）监理行业区域市场分析

山西省11个地级市，119个县级行政单位，太原、大同、朔州、忻州、阳泉、吕梁、晋中、长治、晋城、临汾、运城，发展不均衡，太原市占山西省监理公司的一半，竞争激烈，晋城、运城等晋南地区监理价格较低，不易发展，大同地区较为保守，企业进入困难，因此公司发展地区预定为环太原市地区，目前在忻州、吕梁、晋中、长治、临汾等地有业务，但业务量均不大。公司所在地晋中市，辖1区9县1市，包括榆次区、榆社县、左权县、和顺县、昔阳县、寿阳县、太谷县、祁县、平遥县、灵石县、介休市，基本都可以发展业务。

四、竞争对策和未来创新发展

基于对省内市场及区域公司的分析，竞争对策为实施品牌战略，形成特色。使建筑市场人员一旦想到监理公司就提到本单位特色。

品牌战略途径：宣传推广，降低服务成本、提升服务价值。

形成特色途径：1.增加代建资质；2.增加造价资质或与造价公司合作，提供全过程监理造价服务；3.全过程咨询服务，包括项目前期手续和项目结算期手续。

（一）宣传推广

经过对晋中市建设系统进行调研，晋中市建设局、开发区建设局、榆次区建设局及地方县市建设局系统对监理单位信息不了解，周边地市更是信息不畅。需加强单位资质宣传，必要时可以开设分公司、监理项目部。

（二）降低服务成本

国家实行强制监理制度，使业主对监理能发挥多大的作用报以无所谓的态度，大部分选择监理的目的就是帮助其应付建设主管部门的检查，选择监理的标准也不是监理公司服务质量的好坏，而是监理费用报价的高低，同时监理价格放开，使监理降低服务成本不现实。

（三）提升服务价值

以3条特色途径为主。业主对成本较为敏感，增加造价咨询业务，甲方对全过程参与造价咨询持欢

迎态度。主要依据为原现场签证单签证人员仅建设单位、施工单位、监理单位，新版《建设工程工程量清单计价规范》GB 50500–2013，G.9 现场签证表，现场签证人员包括发包人、承包人、监理工程师、造价工程师。说明从国家层面要求造价咨询全过程参与。

（四）宣传服务理念

精益服务。宣传服务特色：监理与造价咨询一体化。

（五）方式

形成结果服务价值、过程服务价值、监理人员价值和监理公司形象价值。

（六）精益服务的最终目标就是保留客户，可持续发展

通过公司内外部信息的有效整合，快速地调整服务的项目、流程、内容等，最大限度地满足客户的有效需求，从而保留客户，与建设单位能够建立长期的合作伙伴关系，以期实现企业的利润目标。

（七）风险

制定清晰合理的服务流程，合理衔接各项工作，如不能有效避免管理混乱、条理不清，将产生工作延误，影响成本、效率和质量的改进。

（八）管理体制分析

尽管公司努力提高客户满意度付出努力，但是很多时候服务质量却难以得到客户的认可。原因是多方面的，监理公司作为一个实质上是人力资源服务型的单位，人员素质起决定性作用，如果人员素质达不到，就很难要求他们提供出令客户满意的服务。因此公司必须从报酬结构、公司福利、事业发展、人际关系、工作内容、工作条件等方面做更多的工作，提高人员素质，进而提高公司的服务水平。

同时，造价人员对工地情况不了解，只能依据图纸及签证等资料形成造价成果，这就要求监理人员及时沟通甲乙双方，形成过程资料，为全过程造价的形成打好基础。

（九）创新战略

经营方式创新（开设分公司、监理项目部）、管理方式创新（工地监理负责制）、信息化创新（加强单位管理部门与工地监理部的沟通、扩大对内对外信息宣传）。

（十）根据山西省住建厅要求，扩大资质

与其他类似公司整合，定点发展。如山西省勘察设计研究院，有房屋建筑工程专业甲级、市政公用工程专业乙级监理资质、工程勘察综合资质甲级、工程勘察凿井劳务、工程勘察工程钻探劳务、地基基础工程专业承包一级、建筑装修装饰工程专业承包二级、建筑幕墙工程专业承包二级、钢结构工程专业承包三级等资质，形成具有建筑、设计、勘察、监理等全资质。赛鼎工程有限公司有房屋建筑工程专业甲级、冶炼工程专业甲级、化工石油工程专业甲级、机电安装工程专业甲级、市政公用工程专业甲级等监理资质，还有设计综合资质甲级、勘察岩土工程专业甲级、地基基础工程专业承包三级、招标代理甲级等，涵盖设计、勘察、施工、监理、招标代理等资质。

结语

总之通过对山西省工程监理行业的现状分析，根据监理行业的发展规律和企业的实际情况，客观科学地制定本企业的发展战略和采取恰当的应对措施，促进中国监理行业的健康发展。在现阶段，监理行业尽管存在许多问题，这其中有历史的原因、体制的原因，也有中国市场大环境的原因，监理企业，只有练好内功，加强自身建设，才能在市场竞争中处于不败之地。我们要走具有中国特色社会主义的道路，经过长期的努力，中国特色社会主义进入了新时代，这是中国发展新的历史方位。山西省现在也在转型阶段。我们的资源以及所处的环境已经支撑不了原来的生产模式，我们的眼光不要只局限于现在，要走出国门，开拓国际市场。因此国家也提出了“一带一路”倡议，把企业分类发展，培养出核心企业、骨干企业，让其享有最大的优势、最好的市场和政策支持，同时也不忘我们的主体，推出全过程咨询。能够调整的就发展，调整不了的肯定要逐步面临淘汰。但随着建筑市场的进一步规范，监理行业必定向全过程工程咨询服务发展，我们现在还有很多模糊的认识，要结合中国的实际情况逐步去探索、逐步去完善。

监理企业核心竞争力的塑造（下）

吕大明 王红
吉林省建信工程咨询有限公司

摘 要：中国工程建设领域实行监理制度已近30年，期间催生了大大小小的监理企业，面临新形势下工程建设发展的机制改革与创新要求，如何在众多监理企业中脱颖而出，兼向项目管理公司复合型企业成功转型强势发展，全面提升企业核心竞争力，使企业立于不败之地，文章进行了分析研究。

关键词：监理企业 核心竞争力 创新 管理

（接上期）

世界500强中的很多企业都是“百年企业”，他们在长期的经营活动中始终坚持诚信理念，拥有良好的企业信誉和强大的品牌竞争力。诚信包括了信用和信誉，要充分认识到了社会信用建设的必要性和紧迫性，信用是市场经济的基石，只有坚持以诚信为本，加强信用建设，才能赢得业主的信任，并最终赢得市场。

监理企业在日常的监理工作中要以科学发展观为指导，增强创新能力和监理管理水平，提高企业诚信和核心竞争力，在市场竞争中创立品牌；监理人员要严格遵循“严格监理、优质服务、公正科学、廉洁自律”的职业准则，不断改善自身的专业知识结构，努力提高监理业务水平，认真履行监理职责，恪尽职守，做讲信用、负责任的监理人。

要建设一个成功的品牌，必须经过3个阶段：

（一）规划阶段

一个好的品牌规划，等于完成了一半品牌建设；一个坏的品牌规划，可以毁掉一个事业。做规划时要根据品牌的十大要素提出很明确的目标，然后制定实现目标的措施。对于一个已经发展很多年的企业，还要先对这个企业的品牌进行诊断，找出品牌建设中的问题，总结出优势和缺陷。这是品牌建设的前期阶段，也是品牌建设的第一步。

监理企业要牢固树立品牌意识，重视企业品牌建设。要充分认识到品牌是企业宝贵的无形资产，品牌是监理企业良好的社会形象，有了品牌才能赢得市场，有了品牌才能创造效益。要加强监理质量、安全等方面的管理，做大做强监理业务，树立企业的品牌。通过管理提高监理工作的质量，促进提高企业在行业内的地位，树立良好的社会信誉和形象。

（二）全面建设品牌阶段

这个阶段很重要。其中最重要的一点，就是确立品牌的价值观。确立什么样的价值观，决定企业能够走多远。有相当多的企业根本没有明确、清晰而又积极的品牌价值观取向；更有一些企业，在品牌价值观取向上急功近利、唯利是图，抛弃企业对人类的关怀和对社会的责任。我们制定的品牌价值观取向非常明晰：首先是为消费者创造价值，其次才是为股东创造利益；

对于监理要以开展“监理企业树品牌、监理人员讲责任”的行业新风建设为主线，全面推动监理行业的职业化进程。要以“监理企业树品牌”为抓手，推动监理企业的规模化、规范化发展，推动监理企业的诚信建设，推动监理企业整体技术、装备、管理水平的提高，推动中国交通建设监理行业的持续健康发展。以“监理人员讲责任”为职业道德建设平台，在监理人员中强化“宁做恶人、不做罪人”的责任意识，增强做好监理工作的事业心，使命感，使监理工程师队伍真正成为交通基础设施建设不可或缺的重要技术管理力量，推动总监理工程师负责制和监理工作职业化进程。

（三）形成品牌影响力的阶段

企业要根据市场和企业自身发展的变化，对品牌进行不断地自我维护和提升，使之达到一个新的高度，从而产生品牌影响力。直到能够进行品牌授权，真正形成一种资产。这3个阶段，都不是靠投机和侥幸获得的，也不能够一蹴而就。

监理企业要严格执行国家法律法规，自觉遵守行规行约，坚持恪守“严格监理、优质服务、公正科学、廉洁自律”十六字监理执业准则，做到诚实守信、严谨务实。信誉是监理企业创立品牌的基础，对于监理行业而言，企业的信誉主要源于它为业主提供的监理服务水平和工程质量的高低以及监理工作中的诚信程度，有了良好的社会信誉才能创立企业品牌。所以从这个意义上讲，诚信和品牌就代表了企业的核心竞争力。

在进行企业品牌建设过程中，监理企业也要注意以下关键问题。

1. 品牌应该规划到战略中去

经常看到企业规划自己的战略决策，从3年规划到5年展望，从市场占有率到利润分析，甚至细致到对竞争对手的每一个举动的举措。至于所说的品牌定义和推广则鲜见，最多在某个章节用不太多的篇幅描述了相关的“品牌”行为。

这样的战略规划直接导致了企业在前期的市场行为中忽略了企业的品牌效应，品牌不仅是一个独立的部分，它与企业的利润，企业的市场环境，企业的内外资源紧密结合，不可分开。

企业在作战略规划时，就应该将企业的品牌塑造与企业宗旨有效有结合起来。在企业达到什么阶段，应该让用户对品牌有什么样的认知，品牌的宣传范围应该有多广；当企业达到下一阶段时，又应该如何树立品牌与企业的发展相结合。

2. 让品牌融入企业员工中去

常会见到这样的现象，一方面企业在大力向消费者宣传自己的品牌概念，另一方面是自身企业的员工都无法解释自己的品牌究竟是什么。

对于企业外界的大众，他们对企业品牌的理解仅仅是一个标志或者一种感觉，稍微好点的是他们能够说出品牌的理念和标志的含义。企业员工对外代表企业形象，监理人员要时刻谨记监理执业准则，树立个人及企业形象，形成企业对外品牌形象。

3. 品牌建设需要一个过程

品牌不是短时间能够累积起来的，它是一个循序渐进的过程。但是目前国内的一些企业家在作品牌建设时，盲目认为通过事件的炒作，就可以创造出品牌的效应。在搜索引擎里输入“营销＋事件”的关键词，可以查看到很多关于短时间内品牌从成功创造到迅速衰退的各种案例。

因此在品牌的建设时期，它经历着品牌定位、品牌架构、品牌推广、品牌识别、品牌延伸、品牌资产这几个过程。那种短时间内建设的品牌，并不能完全定义为品牌，仅仅只能说是一个符号，在一定的时间、一定的范围内被大众提起的符号。

4. 诚信是品牌建设的一个关键

诚信是衡量一个人的重要标准，在品牌建设中，诚信尤其重要。

品牌标示着企业的信用和形象，是企业最重要的无形资产。在市场经济下，环境每天都在不断变化，谁拥有了诚信品牌，谁就掌握了竞争的主动权，就能处于市场的领导地位。

某些企业管理者认为，让消费者满意，就能

提升自身的品牌价值。的确，这是衡量企业品牌的一个重要因素。但是如何让消费者满意，让消费者能够做品牌的忠诚客户？那答案只有两个字“诚信”！有一些企业为了保护品牌，当事情发生时，不敢站出来承担责任。而也有一些企业，由于技术原因，召回某年某月某日之前生产出来的产品，这种行为非但没有造成自身品牌知名度下降，反而提升了社会对该企业的认可。

作为企业，要敢于坚持原则，讲诚信！妥协和沉默留给人们的印象可能是没有原则，缺少原则性的企业最终会没有诚信品牌。

四、加强团队建设，打造精英团队

监理企业是主要依靠人力资源来创造效益的企业，监理任务的完成是监理人员智力行为成果交付的过程，以监理人员的知识、能力的发挥为成果的表现形式。人才是监理企业竞争的主要力量，只有优秀的监理人员才能提供优秀的监理服务，也只有优秀的监理人员才能为监理企业创立品牌。正如企业管理大师德鲁克先生所说：“企业只有一个真正的资源：人。”

企业核心竞争力取决于企业不断的创新能力，而创新能力源于企业员工素质的提高。培养和引进高素质监理人才是所有监理企业的工作重点。监理企业必须建立一整套选人、用人机制，包括人才获取、培养、使用、激励制度，为人才的迅速成长创造一个良好环境，造就一大批既有实践经验，又有理论素养；既能够进行经营管理，又了解国内外市场行情的高层次、外向型、复合型的专业人才。

团队建设是事业发展的根本保障，团队运作是业内人士长期实践的经验总结，至今没有一个人是在团队之外获得成功的。团队的发展取决于团队的建设。团队建设应从以下几个方面进行：

（一）组建核心层

团队建设的重点是培养团队的核心成员。俗话说"一个好汉三个帮"，领导人是团队的建设者，应通过组建智囊团或执行团，形成团队的核心层，充分发挥核心成员的作用，使团队的目标变成行动计划，团队的业绩得以快速增长。团队核心层成员应具备领导者的基本素质和能力，不仅要知道团队发展的规划，还要参与团队目标的制定与实施，使团队成员既了解团队发展的方向，又能在行动上与团队发展方向保持一致。大家同心同德、承上启下，心往一处想，劲往一处使。

（二）制定团队目标

团队目标来自于公司的发展方向和团队成员的共同追求。它是全体成员奋斗的方向和动力，也是感召全体成员精诚合作的一面旗帜。核心层成员在制定团队目标时，需要明确本团队目前的实际情况，例如：团队处在哪个发展阶段？组建阶段，上升阶段，还是稳固阶段？团队成员存在哪些不足，需要什么帮助，斗志如何？等等。制定目标时，要遵循目标的SMART原则：S——明确性，M——可衡量性，A——可接受性，R——实际性，T——时限性。

（三）训练团队精英

训练精英的工作是团队建设中非常重要的一个环节。建立一支训练有素的销售队伍，能给团队带来很多益处：提升个人能力、提高整体素质、改进服务质量、稳定销售业绩。一个没有精英的团队，犹如无本之木；一个未经训练的队伍，犹如散兵游勇，难以维持长久的繁荣。训练团队精英的重点在于：

建立学习型组织：让每一个人认识学习的重要性，尽力为他们创造学习机会，提供学习场地，表扬学习进步快的人，并通过一对一沟通、讨论会、培训课、共同工作的方式营造学习氛围，使团队成员在学习与复制中成为精英。

搭建成长平台：团队精英的产生和成长与他们所在的平台有直接关系，一个好的平台，能够营造良好的成长环境，提供更多的锻炼和施展才华的机会。

监理企业属于智力密集型行业，要求监理人员必须具备坚实的理论基础和丰富的实践经验，既要了解经济、法律、技术和管理等多学科理论知识，又要能够公正地提出建议、判断和决策。调查表明，目前中国监理从业人员 26.2 万人，取得职业资格证书的有 6.3 万人，其中，注册监理工程师 5.2 万人，占总人数的 19.8%. 中国监理企业表现出了员工层次青黄不接、知识面狭窄、实践经验不足、整体素质不高、对国际惯例不熟、缺乏复合型人才等诸多问题。要适应社会和企业的发展需求，唯一有效的途径就是加强员工培训，使之迅速更新知识结构，掌握多种技能，提高员工的综合素质。

首先，抓紧总监的培训工作，全面提高总监的综合素质具有战略性意义，也是增强企业核心竞争力的关键。总监理工程师在项目内对外代表企业的形象，直接决定项目运作的好坏，必须抓好对总监理工程师的管理工作。所以总监理工程师的硬件招标必须明确，并根据专业不同，经验不同，分出等级，以便实现对项目更好的管理。

其次，加强监理人员的职业道德教育，组织监理人员参加执业技术培训，加强企业员工的监理业务技能、企业管理、计算机与网络等方面的专业知识培训，全面提高管理者的综合素质。组织监理人员的岗位培训是提高监理队伍素质的长久之计，面对新结构技术、工艺材料、新的管理理念不断涌现，有计划培训学习，不断提高业务能力，提高整体素质。由于人员水平的参差不齐，只有在客观公正的评价服务质量的基础上，才可能采取正确的激励和分配机制，以激发职工的工作积极性和潜能。

（四）培育团队精神

团队精神是指团队的成员为了实现团队的利益和目标而相互协作、尽心尽力的意愿和作风，它包括团队的凝聚力、合作意识及士气。团队精神强调的是团队成员的紧密合作。要培育这种精神，领导人首先要以身作则，做一个团队精神极强的楷模；其次，在团队培训中加强团队精神的理念教育；最重要的，要将这种理念落实到团队工作的实践中去。一个没有团队精神的人难以成为真正的领导人，一个没有团队精神的队伍是经不起考验的队伍，团队精神是优秀团队的灵魂、成功团队的特质。

抓好监理团队培训工作，监理是靠团队的共同协作才能完成高质量的监理服务。只有个人综合素质的提高，才能提高团队综合素质，但团队的素质绝不等于个体素质的简单累加。因此，必须在总监的领导下开展有效的团队培训，重点培养团队的组织学习能力和协作配合的能力。

（五）作好团队激励

激励是指通过一定手段使团队成员的需要和愿望得到满足，以调动他们的积极性，使其主动自发地把个人的潜力发挥出来，从而确保既定目标的实现。直销事业的管理特点是用激励代替命令，激励的方式多种多样，树立榜样、培训、表扬、奖励、旅游、联欢、庆祝活动等。

全面推行公正、公开、公平的人事管理制度和“人员能进能出、职务能高能低、干部能上能下”的动态用人模式，建立与市场经济相适应的人才招聘、考核、激励机制，使人事管理与考核纳入正规化、科学化、法制化的轨道，营造一种有利于优秀人才成长的内部环境。

重视人才的引进和有效使用激发企业员工的普遍创新热情，企业需要转变理念，在对待人才方面要采取更开明的态度，采取物质和精神的手段，通过持有股权、绩效工资、学习培训的机会留住人才。通过引进人才，并将各类人才的潜能最大限度地发挥出来。同时，要营造全员的创新环境，采取不同手段激励广大员工的创新激情，增强全体员工的事业心和责任心。

五、持续创新，为企业提供持久发展动力

提起企业创新，人们往往联想到技术创新和产品创新，其实企业创新的形态远不止这些。一般地，企业创新主要有发展战略创新、产品（或服务）创新、技术创新、组织与制度创新、管理创新、营销创新、文化创新等。

（一）发展战略创新。

发展战略创新是对原有的发展战略进行变革，是为了制定出更高水平的发展战略。实现企业发

展战略创新，就要制定新的经营内容、新的经营手段、新的人事框架、新的管理体制、新的经营策略等。

企业普遍面临发展战略创新的任务。例如，当前有些企业经营策略明显过时，有些企业经营范围明显过宽，有些企业经营战线明显过长，还有些企业经营内容本来就与自身特长严重脱节。诸如此类的企业如果不重新定位，发展前景堪忧。再如，很多企业都需要重新解决靠什么经营的问题。靠垄断地位？靠行政保护？靠资金实力？靠现有技术？这些恐怕都逐渐靠不住了，为了从根本上改善经营状况，只能另谋新的依靠。

（二）产品（服务）创新。

这对于生产企业来说，是产品创新；对于服务行业而言，主要是服务创新。

（三）技术创新。

技术创新是企业发展的源泉，竞争的根本。就一个企业而言，技术创新不仅指商业性地应用自主创新的技术，还可以是创新地应用合法取得的、他方开发的新技术或已进入公有领域的技术，从而创造市场优势。

（四）组织与制度创新。

组织与制度创新主要有三种：一是以组织结构为重点的变革和创新，如重新划分或合并部门、组织流程改造、改变岗位及岗位职责、调整管理幅度等。二是以人为重点的变革和创新，即改变员工的观念和态度，包括知识的更新、态度的变革、个人行为乃至整个群体行为的变革等。三是以任务和技术为重点的创新，即对任务重新组合分配，并通过更新设备、技术创新等，来达到组织创新的目的。

（五）管理创新。

世上没有一成不变的、最好的管理方法。管理方法往往因环境情况和被管理者的改变而改变，这种改变在一定程度上就是管理创新。

（六）营销创新。

营销创新是指营销策略、渠道、方法、广告促销策划等方面的创新。如雅芳（Avon）和安利（Amway）等。

（七）文化创新。

文化创新是指企业文化的创新。企业文化的与时俱进和适时创新，能使企业文化一直处于一种动态的发展过程。这样不仅仅可以维系企业的发展，更可以给企业带来新的历史使命和时代意义。

六、加强企业文化建设，培养企业核心价值观

学者们认为企业一般拥有两个核心：一个是核心竞争力，一个是核心价值观。核心价值观是支撑一个企业长久发展的思想观念，核心竞争力是企业生存与发展的持久动力。企业的核心竞争力，最后都是以企业文化的形式体现，实际上是把企业的两个核心有机结合起来，形成企业长远发展的坚实基础与持久动力。

美国著名企业文化专家沙因在《企业文化与生存指南》一书中指出：大量案例证明，在企业发展的不同阶段，企业文化再造是推动企业前进的原动力，企业文化是核心竞争力。

企业文化是企业在长期的实践中形成并为企业全体成员自觉遵守和奉行的价值观念，包括企业宗旨、共同理念、价值准则、道德规范和行为准则。它是一个企业在自身发展过程中形成的以价值为核心的独特的文化管理模式，是一种凝聚人心以实现自我价值、提升企业竞争力的无形力量和资本。

企业文化的主要内容是企业价值观、企业精神、企业经营之道、企业风尚、企业员工共同遵守的道德行为规范。企业文化实质上是一种竞争文化，在这种竞争中，企业的信誉、形象、品牌和知名度已经成为企业不可估量的无形资产，在市场竞争中占据着十分显著的地位。

企业核心竞争力不仅受到发展战略、管理能力、企业品牌、创新能力、人力资源等因素的影响，而且与企业自身的文化密切相关。优秀的企业文化不仅能有效地提高企业竞争层次和竞争品位，

更重要的是通过增强企业内部的凝聚力来提升企业的核心竞争专长，强化企业的核心竞争优势。

从中国成功企业的成长经验来看，企业核心竞争力的打造离不开优秀的、独特的企业文化，如海尔集团、联想集团、宝钢集团等都拥有优秀的企业文化；而缺乏优秀的企业文化，则无法塑造企业的核心竞争力，企业的发展也由于缺少竞争的支撑力而限于困境。

更深一层次分析，企业文化之所以会成为企业的核心竞争力，是因为从特征上看，企业文化具有核心竞争力的特征。

首先，一项能力如果能被竞争对手复制或模仿，那么这种能力是不能被称为核心竞争力的。由于企业的核心价值观是难以模仿和替代的，因此基于核心价值观的企业文化核心竞争力能给企业带来持久的竞争优势。

其次，企业文化具有整体性和持久性特征，它解决的不是个人和局部的问题，不是短期的问题，而是企业整体和持续的发展问题。它符合“偷不去、买不来、拆不开、带不走、溜不掉、变不了”的核心竞争力的特性。

从功能上看，企业文化具有导向、凝聚、激励、约束和整合资源的功能，企业文化功能作用的发挥产生企业文化力，而企业的文化力实际上就是企业的核心竞争力。

企业文化是一个企业的灵魂，是企业发展、创新的源泉，是企业经济基础和上层建筑的摇篮。一个拥有核心竞争力的企业也肯定是拥有优秀企业文化的企业。交通监理企业在发展过程中，必须要拥有自己的经营理念和价值观，建立起自己的一套独具特色的企业文化。

结语

综上所述，中国监理企业的核心竞争力的提升，对于国内监理企业在参与国际化市场竞争、提高目前监理企业的管理水平，以及实现与国际接轨都有非常重要的战略意义。自 1988 年中国监理制度的试行以来，监理制度的实施时间还不算很长，经验还不丰富，目前监理行业还存在诸多的不足之处，而且还面临新的严峻的形势。在此条件下，如何提高中国监理企业的核心竞争力，有着重要的现实意义。这不仅需要监理企业要着重加强自身核心竞争力的建设，还需要政府政策的灵活性，以及各级行业协会的普遍关注，才能为中国培养一批在国内外有公信力的名牌监理企业。

结果负责制下的全过程工程咨询总包模式

王宏毅　徐旭东
晨越建设项目管理集团股份有限公司

党的十八大以来，以习近平总书记为核心的党中央明确提出：着力加强供给侧结构性改革，着力提高供给体系质量和效率，从而增强经济持续增长动力，推动中国社会生产力水平实现整体跃升。

作为供给体系的重要组成部分，固定资产投资及建设的质量和效率显著影响着供给体系的质量和效率。工程咨询业在提升固定资产投资及建设的质量和效率方面发挥着不可替代的重要作用。从项目前期策划、投资分析、勘察设计，到建设期间的工程管理、造价控制、招标采购，到竣工后运维期间的设施管理，均需要工程咨询企业为业主方提供有价值的专业服务。但传统工程咨询模式中各业务模块分割，信息流断裂，碎片化咨询的弊病一直为业主方所诟病，"都负责、都不负责"的怪圈常使业主方陷入被动。传统工程咨询模式已不能适应固定资产投资及建设对效率提升的要求，更无法适应"一带一路"建设对国际化工程咨询企业的要求。

2017 年 2 月，《国务院办公厅关于促进建筑业持续健康发展的意见》（国办发〔2017〕19 号）文件明确提出"培育全过程工程咨询"，鼓励投资咨询、勘察、设计、监理、招标代理、造价等企业采取联合经营、并购重组等方式发展全过程工程咨询，培育一批具有国际水平的全过程工程咨询企业。同时，要求政府投资工程带头推行全过程工程咨询，并鼓励非政府投资项目和民用建筑项目积极参与。

顶层设计下，全过程工程咨询已成为工程咨询业转型升级的大方向，如何深入分析业主方痛点、为业主方提供现实有价值的全过程咨询服务，是每一个工程咨询企业都需要深入思考的问题。

一、全过程工程咨询解决之道

（一）全过程工程咨询概述

2018 年 3 月，住建部建筑市场监管司发布《关于征求推进全过程工程咨询服务发展的指导意见（征求意见稿）和建设工程咨询服务合同示范文本（征求意见稿）意见的函》（建市监函〔2018〕9 号），其中对"全过程工程咨询"明确定义为：全过程工程咨询是对工程建设项目前期研究和决策以及工程项目实施和运行（或称运营）的全生命周期提供包含设计和规划在内的涉及组织、管理、经济和技术等各有关方面的工程咨询服务。全过程工程咨询服务可采用多种组织方式，为项目决策、实施和运营持续提供局部或整体解决方案。

（二）结果负责制下的全过程工程咨询总包模式

全过程工程咨询的核心是为项目决策、实施和运营持续提供解决方案，出于业主方对项目总控的需要，只有在全过程项目管理的主线下对多专业咨询进行协同，并提供整体解决方案，才能保障全过程工程咨询成果的有效性，这是由业主方对建筑产品的完整性和咨询服务的完备性要求决定的，对全过程工程咨询方也提出了更高要求。

从业主方角度出发，提供整体解决方案的全过程工程咨询方需要承担起项目总控的责任，需要为建设项目全过程提供系统、集成的多专业咨询服务，而不是仅承担阶段性或局部性咨询工作。而业主赋予了其项目总控的权利，也必然要求其承担起

“对结果负责”的责任。

“对结果负责”具有丰富的内涵，根据业主方的需求，可以是对质量结果负责，如项目获得“鲁班奖”；也可以是对总造价结果负责，如对业主确定的控制价进行目标管理，节约部分享受分成奖励，超出部分以咨询费为限赔偿；也可以是对项目合理工期控制的结果负责，如在合理工期规划时间内，顺利完成项目验收。“对结果负责”是以客户价值为导向的，以可量化满足客户需求为目标。

结果负责制下的全过程工程咨询总包模式（下称“咨询总包模式”），即是以对结果负责为导向，以全过程项目管理为主线，集成包括项目策划、投融资咨询、招标代理、勘察设计、BIM咨询、造价咨询、工程监理、运维管理等多专业服务的咨询总包模式。在此模式下，全过程工程咨询方即是项目总控方。其特征是以项目管理为主线的多专业咨询协同，其价值是对项目工期、成本、质量、安全的系统性总控，通过简化管理界面，明确总控责任，提升管理绩效，达到加快项目工期、节省项目投资、保障质量安全的目的。

咨询总包模式的结果导向、系统性和集成化服务特性，使咨询总包方成为业主方建设管理的得力助手，在解决建设管理传统模式下业主方所遭遇的诸多痛点发挥了重要作用。

二、引入咨询总包模式消除业主方痛点

现阶段建设工程普遍具有规模化、集群化和复杂化等特征，业主方缺乏专业的项目管理能力，但不得不承担项目管理的责任和风险，并消耗大量时间、精力和成本在各类工作界面的沟通和协调上，甚至面对多参建方相互制衡、管理目标失控等诸多复杂情况。在咨询总包模式中，咨询总包方即是项目总控方，对结果负责的压力迫使其必须从业主方角度对项目建设实施系统、全面的过程管理，解决业主方面临的诸多痛点。

（一）消除传统咨询带来的混乱

传统建设管理模式下，业主在不同的建设阶段会引入多家咨询服务机构，这种片段式、碎片化服务是传统咨询的特征，会带来以下混乱：

1. 各咨询方对项目理解不同或各自利益诉求不同，导致建设目标不统一，前后冲突、抱怨不断，业主方大量精力花费在管理协调上。

2. 空白地带与重复工作情况并存，因缺乏系统化规划和衔接，项目总控方缺位，一旦出现工作失误，各咨询方往往相互推诿，让业主无法区分责任。

3. 项目缺乏通盘考虑，建设过程中的诸多问题常在建设后期才暴露，而那时再弥补就可能花费巨大，甚至无法弥补造成无可挽回的损失。例如，有些专业设计介入项目过晚，主体设计内容已基本建设完成，此时再大幅度返工已不可能，迫使业主退而求其次，造成遗憾。

咨询总包模式中，咨询方作为对业主负责的总包方，承担了建设管理的全部责任，消除了多咨询方冲突带来的混乱，并能够从建设全过程角度系统规划各项专业咨询工作，避免了多方咨询混乱带来的损失和遗憾。

（二）合理转移项目建设管理风险

政府投资及国有资金建设项目，既要高效完成建设，又要面临层层审计。某些特殊情况下，业主项目团队很难自证其清，项目往往面临一定的决策和审计风险。引入咨询总包方是重要的风险管理手段，业主方可将建设管理相关风险通过合同方式合理转移给咨询总包方，通过风险转移策略提升项目建设的管理水平。而选择拥有丰富建设管理经验的咨询总包方，则发挥了其全过程工程咨询的专业能力和优势，进一步提升了建设效率和项目品质。

（三）消除临时组建项目管理机构的弊端

不少政府投资项目仍采用临时机构进行项目建设管理的模式，这种模式下可能存在人员专业化程度低、新人做新项目、管理体系不健全、管理手段与管理方法落后、项目结束人员分流困难、管理效率低、造价虚增、工期延长、安全风险大等诸多

弊病。作为管理细节繁多、界面复杂、专业性强的建设管理工作，引入咨询总包方将有效消除临时性管理机构带来的各种弊病。

（四）消除业主方身陷多边博弈的困境

传统模式下，业主方与多个咨询企业分别签订合同，咨询单位彼此互不管辖但又相互牵扯，形成项目多边博弈格局。项目建设过程中极易发生合同纠纷，业主作为总发包人，不得不亲自上场与各方博弈，还要协调各方责任主体之间的关系，过程苦不堪言。

咨询总包模式下，业主方可专注于项目定位、功能需求分析、投融资安排、项目建设重要节点计划、运营目标等核心工作，简化合同关系，问责咨询总包方，从多边博弈的困境中抽身。

（五）完善并保全项目信息资产

传统模式下，多咨询方的碎片化服务使项目信息形成“孤岛”，建设全过程无法形成完整的信息链；项目建设周期中，如出现核心管理岗位变动，往往造成决策及管理信息流的断裂或缺失，使建设全过程的项目信息资产无法保全。

咨询总包模式下，项目信息流成为全过程工程咨询的核心线索，咨询总包方在项目总控的过程中不断延伸、补充、丰富项目信息流，最终形成建设全过程完整的项目信息链，并作为建筑产品完整性的一部分交付给业主。

（六）提升投资效益、缩短建设周期、降低责任风险

传统模式下，投资控制的完整链条被各咨询方切分，投资咨询、勘察设计、造价咨询、工程监理等咨询方均参与投资控制过程。而由于各参与方诉求与责任的分裂，无法形成统一的投资控制，结果往往造成投资管控失效；其次，多专业咨询方需要分别进行招标确定，设计、造价、招标、监理等相关单位责任分离、相互脱节，既拉长了建设周期又降低了建设效率；此外，多咨询方介入会增加协调和管理风险，不仅不能替业主分忧，反而会增加其作为建设单位的责任风险。

咨询总包模式下，各项专业咨询处于咨询总包方的统一管控之下，咨询服务覆盖建设全过程，对各阶段工作进行系统整合，并可通过限额设计、优化设计、BIM 全过程咨询、精细化全过程管理等多种手段降低“三超”风险，进而节省投资，提升投资效益；咨询总包方通过一次招标确定，多专业协同消除了冗余工期，可显著缩短建设周期；咨询总包方承担建设管理主体责任，对结果负责的压力转化为工作动力，既承接了业主方的建设管理风险，又降低了业主方作为建设单位的主体责任风险。

咨询总包模式下，作为项目总控方的咨询总包单位，以对结果负责为宗旨，承担起对项目建设全过程管理的责任，通过科学、先进的全过程工程咨询手段，为业主方消除了建设管理中的诸多痛点，成为业主方项目建设的得力助手。

三、咨询总包模式下的全过程工程咨询包括的工作

咨询总包模式下的全过程工程咨询可涵盖决策阶段、设计阶段、发承包阶段、实施阶段、竣工阶段、运营阶段等项目全生命周期，各阶段的主要工作内容包括：

1. 决策阶段通过了解项目利益相关方的需求，确定优质建设项目的目标，汇集优质建设项目评判标准。通过项目建议书、可行性研究报告、评估报告等形成建设项目的咨询成果，为设计阶段提供基础。

2. 设计阶段对决策阶段形成的研究成果进行深化和修正，将项目利益相关方的需求及优质建设项目目标转化成设计图纸、概预算报告等咨询成果，为发承包阶段选择承包人提供指导方向。

3. 发承包阶段结合决策、设计阶段的咨询成果，通过招标策划、合约规划、招标过程服务等咨询工作，对建设项目选择承包人的条件、资质、能力等指标进行策划，并形成招标文件、合同条款、工程量清单、招标控制价等咨询成果，为实施阶段顺利开展工程建设提供控制和管理依据。

4. 实施阶段根据发承包阶段形成的合同文件约定进行成本、质量、进度的控制；合同和信息的管理；全面组织、协调各参与方最终完成建设项目实体。在实施过程中，及时整理工程资料，为竣工阶段的验收、移交作准备。

5. 竣工阶段通过验收检验是否按照合同约定履约完成，并将验收合格的建设项目以及相关资料移交给运营人，为运营阶段提供保障。

6. 运营阶段对建设项目进行评价，评价其是否实现决策阶段设定的建设目标，并结合运营需要通过运维管理咨询、资产租售及融资咨询等手段为业主方实现项目最大价值。尽管目前能够提供运维管理咨询服务的工程咨询企业尚少，但达成共识的是运维管理咨询将成为工程咨询企业可拓展的服务内容。

咨询总包模式下的全过程工程咨询工作不是固化的，其服务内容可根据业主方需求及自身能力灵活设置，但其服务应是全程的，并以对具体结果负责为特征。

下图展示在咨询总包模式下涵盖的各项工作内容，体现了其综合性、全过程咨询服务的特点。

四、咨询总包模式下的全过程工程咨询如何委托

自《国务院办公厅关于促进建筑业持续健康发展的意见》(国办发〔2017〕19号)文件颁布以来，全国各地陆续出台了《全过程工程咨询试点工作方案》，就如何委托全过程工程咨询，各试点省大致思路及指导思想基本一致，即如何在现有法律法规体系下，按照有利于全过程工程咨询开展的原则来探索委托方式。在委托全过程工程咨询的实际操作中，项目是否已取得可研批复及招标核准，会影响委托方式的选择。

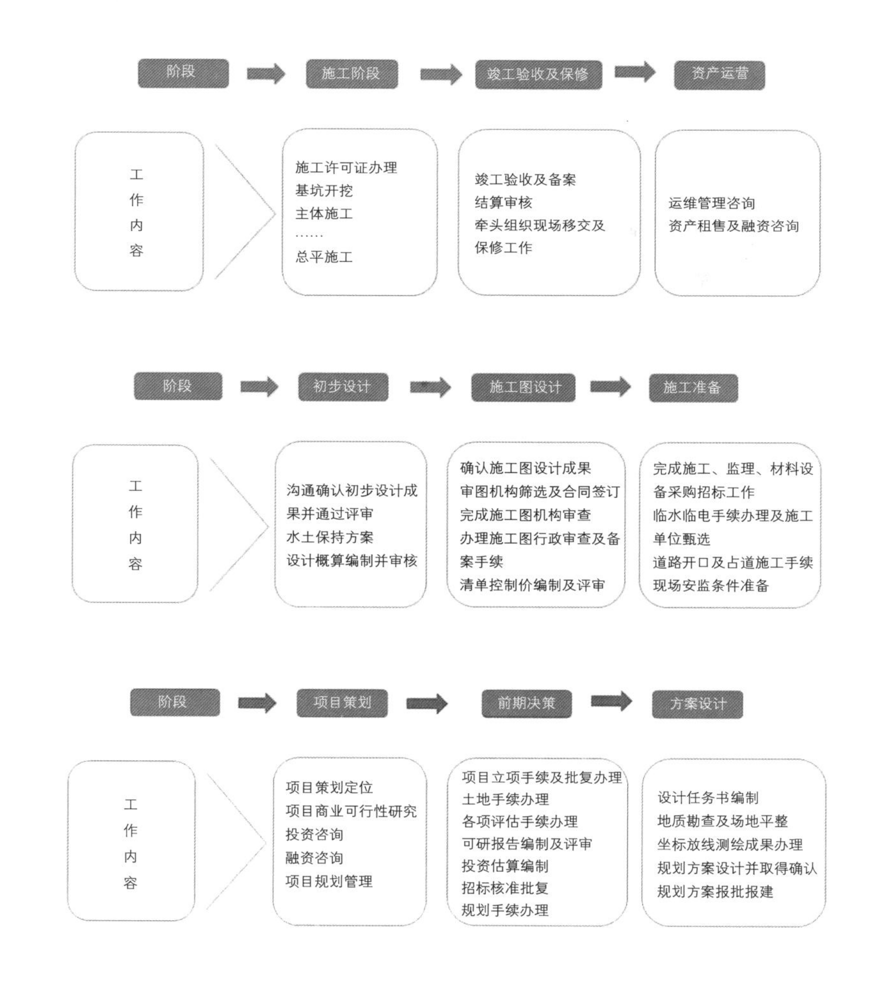

（一）取得可研批复之前委托全过程工程咨询

依法应当进行招标的项目，采取全过程工程咨询模式的，在立项、可研、核准批复之前委托或招标的，可以业主方或业主上级主管单位出具的会议纪要或批复作为委托或招标的前置许可依据，如批复或会议纪要均没有的，项目业主可以向行政主管单位申请开展前期工作的函，允许提前对全过程工程咨询进行招标委托，并在项目可行性研究报告中明确：本项目采取全过程工程咨询模式，在项目取得可研批准后可不再对咨询业务进行招标。

（二）取得可研批复之后委托全过程工程咨询

在取得可研批复及招标核准之后委托全过程工程咨询的，业主方对必须公开招标的勘察设计、工程监理其中一项进行招标即可，其他咨询服务可作为全过程工程咨询内容直接委托给同一家咨询单位，不用再招标。

五、咨询总包模式下的生产组织方式

咨询总包方根据自身组织特点，结合项目需要，可采用一个团队全程服务、部门协作二种生产组织方式。

（一）一个团队全程服务：总咨询师牵头，一个团队负责到底

咨询总包方内部可组建一个“全程服务团队”，选派业务能力全面的咨询工程师担任团队负责人——总咨询师，各专业咨询工程师分别承担相应专业咨询工作，为业主方提供全过程咨询服务。这种方式对咨询方人员素质及稳定性要求较高。

（二）部门协作：项目管理部门牵头，各专业咨询部门分工协作

咨询总包方确定由项目管理部门作为牵头部门，根据咨询总包服务内容，选择相关专业咨询部门参与全过程咨询工作。牵头部门根据全过程工程咨询业务开展情况及进度，以任务单形式向各专业咨询部门下达生产任务，明确涉及部门、工作内容描述、工作要求、工作成果、时间节点等，并负责对各专业咨询部门进行考核和计量。各专业咨询部门（包括投资咨询、招标、勘察、设计、监理、造价咨询、BIM 等）需在牵头部门的统一部署下进行工作，派遣项目人员，提交成果，达成工作目标。对于业主方允许分包的非核心工作，咨询总包方可择优选择专业机构合作，但咨询总包方应对相关咨询工作成果负责。

六、咨询总包模式下的咨询服务评价初探

咨询总包模式下的咨询服务既包括技术解决方案、咨询成果等专业技术服务内容，又包括客户沟通、内部协调、技术培训、失误补救等隐性服务内容。专业技术服务的优劣取决于企业人才专业素质、能力水平、管理效能等方面，而隐性服务的优劣则更多取决于企业文化、员工服务理念、沟通技巧、协调能力等方面。专业技术服务与隐性服务相互联系、相互支撑，构成整体性的工程咨询服务，具体可从基础条件、交互能力、结果质量 3 个维度进行评价。

咨询总包模式下咨询服务的绩效评价是业主

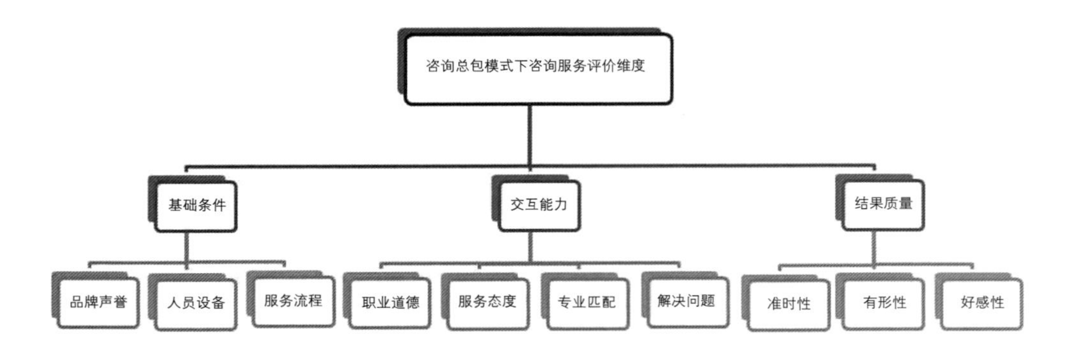

方从选择服务企业到最终获得服务成果的全过程评价，需要根据业主方具体委托内容、技术成果标准、服务质量要求等设置相对应的测量项。

目前，全过程工程咨询服务尚属于新生事物，业内专家对服务评价的研究还很少见，本文提出的基础条件、交互能力、结果质量3个维度的评价体系，仅是抛砖引玉，望业内专家学者系统研究服务评价体系，为咨询服务方提升服务绩效提供支撑。

七、咨询总包模式展望

咨询总包模式对结果负责，以全过程项目管理集成管控多专业咨询为特征，充分体现了全过程工程咨询为业主提供全面、系统服务的特性，并与工程总承包模式形成制衡关系，在项目建设中发挥着项目总控方的作用，成为业主方不可或缺的得力助手。未来随着全过程工程咨询的推广和应用，监理、造价、招标、勘察、设计等各类工程咨询企业或培育出强有力的全过程项目管理能力走向咨询总包之路，或发展专、尖能力成为咨询总包方下游的专业分包企业，工程咨询行业分层将不可避免。正如《国务院办公厅关于促进建筑业持续健康发展的意见》(国办发〔2017〕19)号文件中所提出的："培育一批具有国际水平的全过程工程咨询企业"，可预见咨询总包模式下将诞生项目管理能力卓越、专业能力全面、体量巨大的新型工程咨询企业，成为中国工程咨询行业的中坚力量。咨询总包型企业的出现，将显著提升中国工程咨询行业的国际竞争力，并携手工程总承包单位成为"一带一路"倡议的排头兵，在国际舞台上展示工程咨询的"中国力量"。

28
中国建设监理与咨询
CHINA CONSTRUCTION MANAGEMENT and CONSULTING

《中国建设监理与咨询》征稿启事

《中国建设监理与咨询》是中国建设监理协会与中国建筑工业出版社合作出版的连续出版物，侧重于监理与咨询的理论探讨、政策研究、技术创新、学术研究和经验推介，为广大监理企业和从业者提供信息交流的平台，宣传推广优秀企业和项目。

一、栏目设置：政策法规、行业动态、人物专访、监理论坛、项目管理与咨询、创新与研究、企业文化、人才培养等。

二、投稿邮箱：zgjsjlxh@163.com，投稿时请务必注明联系电话和邮寄地址等内容。

三、投稿须知：

1. 来稿要求原创，主题明确、观点新颖、内容真实、论据可靠；图表规范、数据准确、文字简练通顺，层次清晰、标点符号规范。

2. 作者确保稿件的原创性，不一稿多投、不涉及保密、署名无争议，文责自负。本编辑部有权作内容层次、语言文字和编辑规范方面的删改。如不同意删改，请在投稿时特别说明。请作者自留底稿，恕不退稿。

3. 来稿按以下顺序表述：①题名；②作者（含合作者）姓名、单位；③摘要（300字以内）；④关键词（2~5个）；⑤正文；⑥参考文献。

4. 来稿以4000~6000字为宜，建议提供与文章内容相关的图片（JPG格式）。

5. 来稿经录用刊载后，即免费赠送作者当期《中国建设监理与咨询》一本。

本征稿启事长期有效，欢迎广大监理工作者和研究者积极投稿！

欢迎订阅《中国建设监理与咨询》

《中国建设监理与咨询》面向各级建设主管部门和监理企业的管理者和从业者，面向国内高校相关专业的专家学者和学生，以及其他关心我国监理事业改革和发展的人士。

《中国建设监理与咨询》内容主要包括监理相关法律法规及政策解读；监理企业管理发展经验介绍和人才培养等热点、难点问题研讨；各类工程项目管理经验交流；监理理论研究及前沿技术介绍等。

《中国建设监理与咨询》征订单回执（2019）

订阅人信息	单位名称				
	详细地址			邮编	
	收件人			联系电话	
出版物信息	全年（6）期	每期（35）元	全年（210）元/套（含邮寄费用）	付款方式	银行汇款
订阅信息					
订阅自2019年1月至2019年12月，________套（共计6期/年）　付款金额合计￥________元。					
发票信息					
□开具发票（电子发票） 发票抬头：________　纳税人识别号：________ 发票类型：一般增值税发票 接收电子发票邮箱：					
付款方式：请汇至“中国建筑书店有限责任公司”					
银行汇款 □ 户　名：中国建筑书店有限责任公司 开户行：中国建设银行北京甘家口支行 账　号：1100 1085 6000 5300 6825					

备注：为便于我们更好地为您服务，以上资料请您详细填写。汇款时请注明征订《中国建设监理与咨询》并请将征订单回执与汇款底单一并传真或发邮件至中国建设监理协会信息部，传真 010-68346832，邮箱 zgjsjlxh@163.com。

联系人：中国建设监理协会　王月、刘基建，电话：010-68346832、88385640

中国建筑工业出版社　焦阳，电话：010-58337250

中国建筑书店　王建国、赵淑琴，电话：010-68344573（发票咨询）

《中国建设监理与咨询》协办单位

 北京市建设监理协会 会长：李伟	 中国铁道工程建设协会 副秘书长兼监理委员会主任：麻京生	 机械监理 中国建设监理协会机械分会 会长：李明安	 京兴国际工程管理有限公司 执行董事兼总经理：陈志平
 北京兴电国际工程管理有限公司 董事长兼总经理：张铁明	 北京五环国际工程管理有限公司 总经理：李兵	 中国水利水电建设工程咨询北京有限公司 总经理：孙晓博	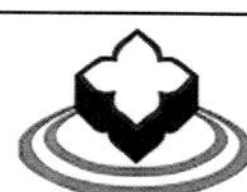 鑫诚建设监理咨询有限公司 董事长：严弟勇　总经理：张国明
 北京希达工程管理咨询有限公司 总经理：黄强	 中船重工海鑫工程管理（北京）有限公司 总经理：姜艳秋	 中咨工程建设监理有限公司 总经理：鲁静	 赛瑞斯咨询 北京赛瑞斯国际工程咨询有限公司 总经理：曹雪松
 中核工程咨询有限公司 董事长：唐景宇	天津市建设监理协会 理事长：郑立鑫	河北省建筑市场发展研究会 会长：蒋满科	 山西省建设监理协会 会长：苏锁成
 山西省煤炭建设监理有限公司 总经理：苏锁成	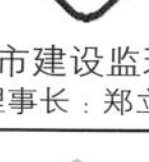 山西省建设监理有限公司 名誉董事长：田哲远	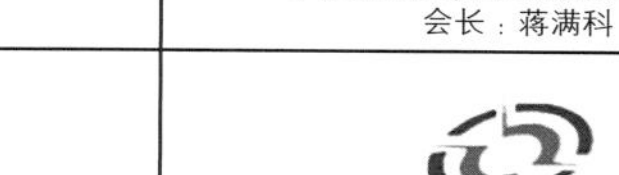 山西协诚建设工程项目管理有限公司 董事长：高保庆	 山西煤炭建设监理咨询有限公司 执行董事、经理：陈怀耀
华电和祥工程咨询有限公司 党委书记、执行董事：赵羽斌	 太原理工大成工程有限公司 董事长：周晋华	 山西震益工程建设监理有限公司 董事长：黄官狮	 山西神剑建设监理有限公司 董事长：林群
 山西省水利水电工程建设监理有限公司 董事长：常民生	 晋中市正元建设监理有限公司 执行董事兼总经理：李志涌	 内蒙古科大工程项目管理有限责任公司 董事长兼总经理：乔开元	 中泰正信工程管理咨询有限公司 总经理：董殿江
 吉林梦溪工程管理有限公司 总经理：张惠兵	 沈阳市工程监理咨询有限公司 董事长：王光友	 大保建设管理有限公司 董事长：张建东　总经理：肖健	 上海市建设工程咨询行业协会 会长：夏冰
 上海建科工程咨询有限公司 总经理：张强	 上海振华工程咨询有限公司 总经理：徐跃东	 上海市建设工程监理咨询有限公司 董事长兼总经理：龚花强	 上海同济工程咨询有限公司 董事总经理：杨卫东
 青岛信达工程管理有限公司 董事长：陈辉刚　总经理：薛金涛	 山东胜利建设监理股份有限公司 董事长兼总经理：艾万发	 江苏誉达工程项目管理有限公司 董事长：李泉	 江苏建科建设监理有限公司 董事长：陈贵　总经理：吕所章
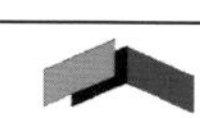 连云港市建设监理有限公司 董事长兼总经理：谢永庆	 江苏赛华建设监理有限公司 董事长：王成武	 江苏中源工程管理股份有限公司 总裁：丁先喜	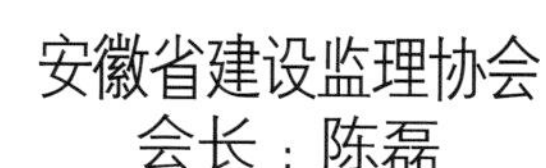 安徽省建设监理协会 会长：陈磊
 合肥工大建设监理有限责任公司 总经理：王章虎	 浙江江南工程管理股份有限公司 董事长总经理：李建军	 浙江华东工程咨询有限公司 董事长：叶锦锋　总经理：吕勇	 浙江嘉宇工程管理有限公司 董事长：张建　总经理：卢甬
 浙江求是工程咨询监理有限公司 董事长：晏海军	 江西同济建设项目管理股份有限公司 法人代表：蔡毅　经理：何祥国	 福州市建设监理协会 理事长：饶舜	 厦门海投建设咨询有限公司 法定代表人：蔡元发　总经理：白皓

《中国建设监理与咨询》协办单位

驿涛项目管理有限公司
董事长：叶华阳
业达建设管理有限公司
总经理：倪莉莉
河南省建设监理协会
会长：陈海勤
建基工程咨询有限公司
副董事长：黄春晓
郑州中兴工程监理有限公司
执行董事兼总经理：李振文
河南建达工程建设监理公司
总经理：蒋晓东
河南清鸿建设咨询有限公司
董事长：贾铁军
中汽智达（洛阳）建设监理有限公司
董事长兼总经理：刘耀民
河南省光大建设管理有限公司
董事长：郭芳州
中元方工程咨询有限公司
董事长：张存钦
方大国际工程咨询股份有限公司
董事长：李宗峰
河南长城铁路工程建设咨询有限公司
董事长：朱泽州
河南兴平工程管理有限公司
董事长兼总经理：洪源
湖北省建设监理协会
会长：刘治栋
武汉华胜工程建设科技有限公司
董事长：汪成庆
湖南省建设监理协会
常务副会长兼秘书长：屠名瑚
长沙华星建设监理有限公司
总经理：胡志荣
湖南长顺项目管理有限公司
董事长：潘祥明　总经理：黄劲松
广东省建设监理协会
会长：孙成
广州市建设监理行业协会
会长：肖学红
深圳市监理工程师协会
会长：方向辉
广东工程建设监理有限公司
总经理：毕德峰
广州广骏工程监理有限公司
总经理：施永强
广西大通建设监理咨询管理有限公司
董事长：莫细喜　总经理：甘耀域
重庆市建设监理协会
会长：雷开贵
重庆赛迪工程咨询有限公司
董事长兼总经理：冉鹏
重庆联盛建设项目管理有限公司
总经理：雷开贵
重庆华兴工程咨询有限公司
董事长：胡明健
重庆正信建设监理有限公司
董事长：程辉汉
重庆林鸥监理咨询有限公司
总经理：肖波
林同棪（重庆）国际工程技术有限公司
总经理：祝龙
四川二滩国际工程咨询有限责任公司
董事长：郑家祥
中国华西工程设计建设有限公司
董事长：周华
云南省建设监理协会
会长：杨丽
云南新迪建设咨询监理有限公司
董事长兼总经理：杨丽
云南国开建设监理咨询有限公司
董事长兼总经理：黄平
贵州省建设监理协会
会长：杨国华
贵州建工监理咨询有限公司
总经理：张勤
贵州三维工程建设监理咨询有限公司
董事长：付涛　总经理：王伟星
西安高新建设监理有限责任公司
董事长兼总经理：范中东
西安铁一院工程咨询监理有限责任公司
总经理：杨南辉
西安普迈项目管理有限公司
董事长：王斌
西安四方建设监理有限责任公司
总经理：杜鹏宇
华春建设工程项目管理有限责任公司
董事长：王勇
陕西华茂建设监理咨询有限公司
总经理：阎平
永明项目管理有限公司
董事长：张平
陕西中建西北工程监理有限责任公司
总经理：张宏利
甘肃省建设监理有限责任公司
董事长：魏和中
甘肃经纬建设监理咨询有限责任公司
董事长：薛明利
新疆昆仑工程监理有限责任公司
总经理：曹志勇

习近平总书记亲切接见全国劳模代表、
公司董事长朱泽州同志

2019 年 1 月 18 日，习近平总书记连线公司参与监理的雄安城际铁路建设者，称赞他们是“千年大计”的开路先锋

国务院李克强总理到公司监理的西藏拉林铁路调研

公司董事长朱泽州作为河南 6 名劳模代表之一应邀进京参加了“9 · 3 大阅兵”观礼活动，在阅兵观礼台与全国各界群众代表一起见证了这珍贵的历史时刻

公司参与监理的徐兰客运专线宝鸡至兰州高铁项目

公司积极参与“一带一路”建设，2015 年 12 月 1 日，公司在中（国）老（挝）铁路磨丁至万象线监理招标中中标，实现了走出国门的梦想

公司参与监理的北京新机场项目

公司参与监理的郑州新郑国际机场综合交通换乘中心，该工程是继上海虹桥机场后，全国第二个将城际铁路、地铁、客车、私家车等多种交通方式有效衔接的综合换乘中心

公司监理的郑州农业路大桥，该桥跨越亚洲最大、最繁忙的郑州北编组站，斜拉索最大索力承重约 900 吨，为国内同类桥梁中斜拉索力承载之最

河南长城铁路工程建设咨询有限公司

长城咨询

公司成立于 1993 年，是一家以铁路、公路、市政工程监理为主业，建筑施工、工程设计协同发展的综合性工程监理企业。公司具有住建部工程监理综合资质、交通运输部公路监理甲级资质，控股管理河南省铁路勘测设计有限公司、河南省铁路建设有限公司。

公司成立 26 年来，铁路项目先后承担了沪昆、京沈、徐兰、兰新、昌赣、京雄、汉宜、郑开、哈牡、牡佳、广西沿海铁路等国家“八纵八横”高铁网的监理任务，以及兰渝、渝黔、拉林等多条国家干线铁路项目的监理任务，监理的高铁及干线铁路通车总里程达 1500 多公里；大型场馆和市政轨道项目先后参与了北京新机场部分工程监理，郑州机场二期航站楼，郑州、洛阳等地铁、多条市政快速高架通道项目和南水北调等多个国家重点基础设施建设工程；公路方面先后参与了台辉黄河大桥、济洛西黄河大桥，宜毕、剑榕等多条高速公路及省道项目。项目遍及全国 20 多个省级自治区。公司还积极参与“一带一路”建设，先后承担了中（国）老（挝）铁路、巴基斯坦公路、刚果布大学城等项目的监理任务。

因在大型重点项目上的突出贡献，公司先后被授予“河南省五一劳动奖状”“全国五一劳动奖状”，被河南省住房和城乡建设厅评为“河南省工程监理 20 强企业”和“河南省重点培育全过程工程咨询企业”。公司董事长被授予“河南省五一劳动奖章”和“全国五一劳动奖章”，受到习近平总书记等党和国家领导人的亲切接见，作为全国劳动模范代表应邀出席了“九三大阅兵”观礼活动，并作为全国总工会《劳模大讲堂》先进事迹报告团成员之一在人民大会堂作先进事迹报告。

公司监理的台辉高速黄河特大桥

中核工程咨询有限公司

China Nuclear Engineering Consulting Co.,Ltd.

中核工程咨询有限公司（以下简称“中核咨询”）于2017年9月由北京四达贝克斯工程监理有限公司和中核工程建设管理中心合并成立，定位为中核集团全行业全过程工程项目咨询支持平台，中核集团直属单位之一。

中核咨询承担着中核集团提升工程建设管理水平，确保完成专项任务，全面提升工程质量、安全、成本和进度管理水平的战略任务。公司具有工程监理综合资质，核电站设备、核燃料循环设备监理甲级资质，涉密业务咨询服务安全保密条件备案证书，人民防空监理资质，可以从事相关领域的咨询业务。

中核咨询按照“四同步、四对接”要求，完善党的组织体系建设，建立现代企业治理结构。公司设有董事会、监事会，设置有10个职能部门，6个业务中心：咨询评审中心、设备监理中心、技术经济咨询中心、项目控制中心、产业发展研究中心和退役治理及后处理支持中心；5个区域化分公司：分别设在河北、河南、天津、福建、四川，承接全国各省市的相关业务。

公司现有员工近千人，专业配套、工种齐全，在核反应堆工程、核工程与核技术、海工、爆破、化学与化工、热能动力、无损检测、工程造价、环境工程等各领域打造培养了一支高素质专业性技术人才。拥有数量充足的覆盖所有业务范围的国家注册人员，持有各类国家注册证书400余份。

中核咨询业务领域涵盖核电、核化工、核燃料循环、工业和民用等工程项目。累计监理包括秦山核电、田湾核电、福清核电、海南核电等36台核电机组，总装机容量2923万千瓦。设备监理覆盖了中核集团、中广核集团、国电投集团、中船重工集团等在役、在建核设施。公司响应国家“一带一路”经济倡议，在中核集团带领下，承担了巴基斯坦恰希玛、卡拉奇核电站监理任务。公司承接的多项工程荣获国家、北京市或中核集团优秀工程奖项，连续多年被评为全国先进监理企业、北京市先进监理企业。

中核咨询积极发挥工程领域全过程咨询平台作用，为中核集团产业布局、相关行业的发展策略建言献策，推动集团公司加强工程建设领域管控能力及管理水平。同时，公司承担了集团公司及集团外客户的各类评估咨询业务，包括固定资产投资规划方案、项目建议书、可行性研究报告、初步设计、重大变更、调整概算的评估审查，以及部分建设项目后评价、集团在建项目的监督检查等业务；开展了国际并购和上市公司股权收购等重大股权收购案的审查、股权交易涉及的“资产评估报告”备案审核。

中核咨询全体员工将不忘初心、牢记使命，秉承“责任、科学、诚信、卓越”的企业核心价值观，以“智造精品工程，助力强核强国”为企业使命，为实现“铸就一流咨询平台”的美好愿景而不懈奋斗。

地　址：北京市丰台区西三环南路首科大厦A座23层/15层
邮　编：100073
电　话：010-63357816
传　真：010-88583152

海南核电站

田湾核电站

卡拉奇核电站（巴基斯坦）

设备工程

秦山核电站（方家山）

风电

福清核电站

核电科技馆

云南新迪建设咨询监理有限公司

云南新迪建设工程项目管理咨询有限公司成立于1999年，具有建设部颁发的房屋建筑工程及市政工程监理甲级资质、机电安装工程监理乙级资质，是云南省首批工程项目管理试点单位之一。公司发展多年来一直致力于为建设单位提供建设全过程、全方位的工程咨询、工程监理、工程项目管理、工程招标咨询等服务。

多年来，新迪咨询公司一直以追求优异的服务品质为导向；以最大限度地实现管理增值为服务理念；以打造一流的、信誉度较高的综合性咨询服务企业，打造具有新迪风格、职业信念坚定、在行业内具创新能力、技术与管理水平代表行业较高水平的品牌总监理工程师及品牌项目经理为新迪发展愿景。在坚持企业做专做精、差异化服务战略的前提下，提倡重视个人信誉、树立个人品牌；强调在标准化、规范化管理的前提下实现监理创新，切实解决工程建设中的具体问题。公司通过ISO9001质量体系、ISO14001环境管理体系、OHSMS18001职业健康安全管理体系认证并保持至今。公司多年来荣获国家、云南省、昆明市等多项荣誉，其中有全国先进工程监理企业、云南省人民政府授予的云南省建筑业发展突出贡献企业、云南省先进监理企业、昆明市安全生产先进单位等。

公司发展20年来，聚集了大批优秀的工程管理人才，多名员工荣获全国先进监理工作者、全国优秀总监理工程师、全国优秀监理工程师、云南省优秀总监理工程师、云南省优秀监理工程师等荣誉。

公司20年来监理工程1000余项，并完成10余项工程项目管理，类型涉及高层及超高层建筑、大型住宅小区、大中学校、综合医院、高级写字楼、影剧院、高星级酒店、综合体育场馆、大型工业建筑等房屋建筑工程和市政道路、污水处理、公园、风景园林等市政工程，其中100余项工程荣获国家优质工程奖、詹天佑土木工程大奖、全国用户满意奖、云南省优质工程奖等。

地　址：云南昆明市西园路902号
集成大厦13楼A座
邮　编：650118　E-mail: xindi@xdpm.cn
电　话：0871-68367132、65380481、65311012
传　真：0871-68058581

昆明市行政中心

昆明顺城城市综合体

欣都龙城城市综合体

新昆华医院

颐明园

云内动力股份有限公司整体搬迁

云南民族大学

山西省建设监理行业及协会

山西省建设监理协会成立于 1996 年 4 月，20 多年来，在山西省住建厅、中国建设监理协会以及山西省民间组织管理局的领导下，山西监理行业发展迅速，已成为工程建设不可替代的重要组成部分。

从无到有，逐步壮大。随着改革开放的步伐，全省监理企业从 1992 年的几家发展到 2018 年底的 234 家，其中综合资质企业 2 家，甲级资质企业 95 家、乙级资质企业 111 家、丙级资质企业 26 家。企业数量全国排序 15 位。协会现有会员 214 家，理事 227 人，常务理事 67 人，理事会领导 17 人。会员涉及煤炭、交通、电力、冶金、兵工、铁路、水利等领域。

队伍建设，由弱到强。全省监理从业人员从刚起步的几十人发展到现在 3 万余人。其中，取得国家监理工程师执业资格 7500 余人（注册 5296 人），专业监理工程师（含原省级监理工程师）8000 余人，原监理员、见证取样员 12000 余人，从业人员数全国排序第 15 位，监理队伍不断壮大，人员素质逐年提高。

引导企业，拓展业务。监理业务不仅覆盖了省内和国家在晋大部分重点工程项目，而且许多专业监理积极走出山西，参与青海、东北、新疆等 10 多个外省部分相当规模的大型项目建设，还有部分企业走出国门，如：纳米比亚北爆公司项目管理，吉尔吉斯斯坦硫窑项目管理，印尼巴厘岛一期 3×142MW 燃煤电厂工程等。

奖励激励，创建氛围。一是年度理事会上连续七年共拿出 60 余万元奖励获参建鲁班奖的国优工程的监理企业（企业 10000 元、总监 5000 元），鼓励企业创建精品工程。二是连续九年，共拿出 18.5 万元奖励在国家监理杂志发表论文的 600 余名作者，每篇 200~500 元不等，助推理论研究工作。三是连续六年，共拿出近 13.5 万元奖励省内进入全国监理百强的企业（每家企业奖励 10000 元），鼓励企业做强做大。四是连续四年，共拿出近 8 万元，奖励竞赛获奖选手、考试状元等，激励正能量。

精准服务，效果明显。理事会本着“三服务”（强烈的服务意识、过硬的服务本领、良好的服务效果）宗旨，带领协会团队，紧密围绕企业这个重心，坚持为政府、为行业和企业双向服务。一是充分发挥桥梁纽带作用。一方面积极向主管部门反映企业诉求，另一方面连续六年组织编写《山西省建设工程监理行业发展分析报告》，为政府提供决策依据。二是指导引导行业健康发展。开展行业诚信自律、明察暗访、选树典型等活动。三是注重提高队伍素质。狠抓培训的编写教材、优选教师、严格管理，举办讲座、《监理规范》知识竞赛、“增强责任心提高执行力”演讲以及羽毛球大赛等。四是经验交流。推广监理资料、企业文化等先进经验。五是办企业所盼。组织专家编辑《建设监理实务新解 500 问》工具书等。六是推动学习。连续五年共拿出 56 万余元为近 200 家会员赠订 3 种监理杂志 2000 余份，助推业务学习。七是提升队伍士气。连续八年盛夏慰问一线人员。

不懈努力，取得成效。近年来，山西监理行业的承揽合同额、营业收入、监理收入等呈增长态势。协会的理论研究、宣传报道、培训教育、服务行业等工作卓有成效，赢得了会员单位的称赞和主管部门的认可。先后荣获中监协各类活动“组织奖”五次；山西省民政厅“5A 级社会组织”荣誉称号三次；山西省人社厅、民政厅 2013 年授予“全省先进社会组织”荣誉称号；山西省建筑业工业联合会 2014 年授予“五一劳动奖”荣誉称号；山西省住建厅“厅直属单位先进集体”荣誉等。

面对肩负的责任和期望，我们将聚力奋进，再创辉煌。

地　址：太原市建设北路 85 号
邮　编：030013
电　话：0351-3580132 3580234
邮　箱：sxjlxh@126.com
网　址：www.sxjsjlxh.com

五届理事会苏锁成会长代表协会领“5A 级社会组织”奖牌

2019 年 3 月 19 日，协会副会长兼秘书长陈敏主持召开五届二次理事会

2019 年 7 月 24 日，中监协“监理行业转型升级创新发展业务辅导活动”在晋举办

中国社会组织评估等级证书

山西省建设监理协会

经评估，你会被评为5A级社会组织，特颁此证。

中国社会组织评估等级证书

山西省建设监理协会：

经评估，你单位被评为AAAAA级社会组织，特颁此证。

山西省民政厅
二〇一九年三月

2011 年、2013 年、2019 年，山西省民政厅三次授予山西省监理协会“5A 级社会组织”称号

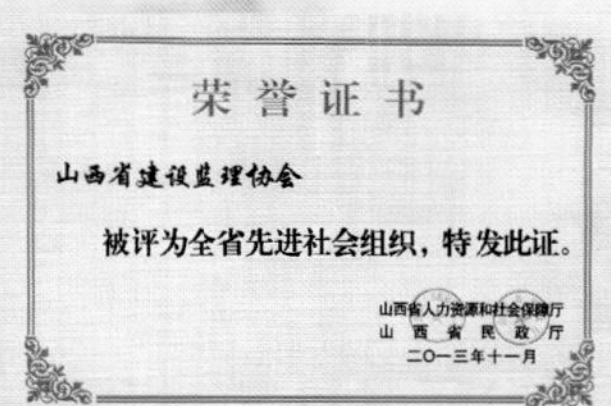
荣誉证书

山西省建设监理协会

被评为全省先进社会组织，特发此证。

山西省人力资源和社会保障厅
山西省民政厅
二〇一三年十一月

2013 年，山西省人力资源和社会保障厅、山西省民政厅授予协会“全省先进社会组织”荣誉称号

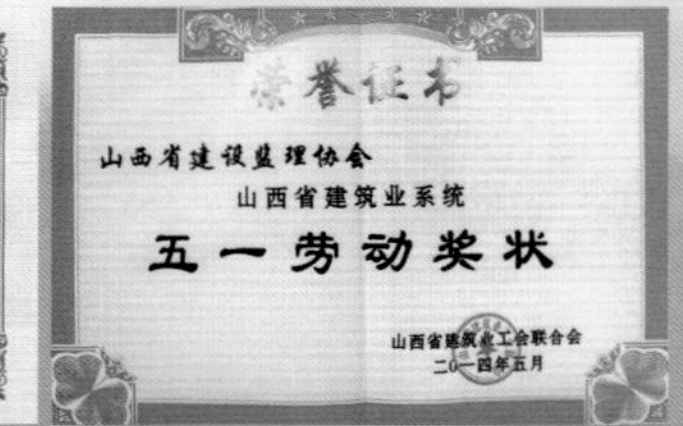
荣誉证书

山西省建设监理协会

山西省建筑业系统

五一劳动奖状

山西省建筑业工会联合会
二〇一四年五月

2014 年，山西省建筑工业工会联合会授予协会山西省建筑业系统“五一劳动奖状”

重庆奥林匹克体育中心体育场：詹天佑土木工程大奖

重庆国际博览中心（中国建筑工程鲁班奖、詹天佑土木工程大奖、国家优质工程奖、国家钢结构金奖）

深圳国际会展中心：整体建成后将成全球第一大会展中心

重庆市大剧院：获得 2010~2011 年度中国建设工程“鲁班奖”、第十届中国土木工程詹天佑奖、重庆市 2009 年巴渝杯优质工程奖

昆明西山万达广场 A 区大商业（2016~2017 年度第一批国家优质工程奖）

来福士广场（重庆市朝天门坐标性工程）

无锡市轨道交通 1 号线工程（2016~2017 年度第一批国家优质工程金质奖）

重庆江北国际机场东航站区及第三跑道建设项目

重庆市巴南区龙洲湾隧道项目

CISDI 重庆赛迪工程咨询有限公司

Chongqing CISDI Engineering Consulting Co., Ltd.

全过程工程咨询服务专家

重庆赛迪工程咨询有限公司始建于 1993 年，系中冶赛迪集团有限公司全资子公司。拥有工程监理综合资质（含 14 项甲级资质）、设备监理甲级资质、建设工程招标代理甲级资质和中央投资项目甲级招标代理资质、装饰设计等资质，是国内最早获得“英国皇家特许建造咨询公司”称号的咨询企业，同时凭借深厚的设计底蕴和丰富的建设管理经验，成为国家住建部公布的首批 40 家全过程工程咨询试点企业之一，成功打造多项国内外全过程工程咨询示范项目。公司具备众多专业类别工程的建设监理及工程设计、设备监理、设计监理、项目管理、工程招标代理、造价咨询、技术咨询、装饰装修等业务能力，在钢结构工程、大型公共建筑工程（体育场馆、大剧院、会展中心等）、市政工程（城市轨道交通、城市综合交通枢纽、市政道路）等方面有丰富的经验，业绩遍布国内 30 多个省市并延伸至海外，业务覆盖市政、房建、机械、电力、冶金、矿山及其他工业等多个领域。

赛迪工程咨询拥有国家监理大师一名以及一批获得英国皇家特许建造师、国家注册监理工程师、国家注册造价工程师、国家注册招标师、国家注册结构工程师等执业资格者，并有多人获得“全国优秀总监”“优秀监理工程师”“优秀项目经理”等荣誉。

赛迪工程咨询技术力量雄厚，管理规范严格，服务优质热情，赢得了顾客、行业、社会的认可和尊重，自 2000 年以来，连续荣获建设部、中国监理协会、冶金行业、重庆市建委等行业主管部门和协会授予的“先进”“优秀”等荣誉，连续荣获“全国建设监理工作先进单位”“中国建设监理创新发展 20 年工程监理先进企业”“全国守合同重信用单位”“全国冶金建设优秀企业”“全国优秀设备工程监理单位”“重庆市先进监理单位”“重庆市招标投标先进单位”“重庆市文明单位”“重庆市质量效益型企业”“重庆市守合同重信用单位”等称号，AAA 级资信等级。

赛迪工程咨询服务的众多项目获得了中国建筑工程鲁班奖、詹天佑土木工程大奖、国家优质工程奖、中国钢结构金奖、中国安装工程优质奖、中国建筑工程装饰奖、中国市政金杯奖及省部级的巴渝杯、天府杯、邕城杯、黄果树杯、市政金杯、杜鹃花奖等奖项。

赛迪工程咨询坚持为客户创造价值，作客户信赖的伙伴，尊重员工，为员工创造发展机会，实现公司和员工和谐发展的办企宗旨，践行智力服务创造价值的核心价值观，努力作受人尊敬的企业，致力于成为项目业主首选的、为工程项目建设提供全过程工程咨询服务的一流工程咨询企业。

地　　址：重庆市渝中区双钢路 1 号
公开电话：023-63548474 63548798
招聘电话：023-63548796
传　　真：023-63548035
公司招聘邮箱：023sdjl@163.com
网　　址：http://www.cqsdjl.com.cn/

YD 业达建设管理有限公司

业达建设管理有限公司创建于 2012 年 2 月 13 日，公司注册资本人民币 5001 万元，是一家经各行业国家行政主管部门批准认定的，工程全过程全方位技术管理的服务企业。公司总部位于泉州市南安，在泉州、厦门、漳州、大田、三明、漳浦等福建全省各地市设有分支机构。历经 8 年的创业成长与稳步扩张，业达建设已跻身于行业前列，发展成为以工程监理、工程造价咨询、招标代理、政府采购、PPP 项目咨询、项目管理、工程咨询等为主业的大型综合性项目管理与咨询企业。

自公司成立以来，在房建施工建设、市政公用工程施工、政府采购、人防工程监理、工程造价咨询、工程招标代理、项目代建等多种工程类别，积累了丰富的技术和管理经验，成立至今所监理工程全部合格，多项优良，获各方好评。

公司的诚信经营和规范管理赢得了业主和同行的一致赞誉，经营规模、市场份额和整体实力在全省同行业中名列前茅，形成了“业达建设”特有的品牌。

公司技术力量雄厚，拥有土建、安装、招标、造价、工程监理、项目管理、施工管理、设备采购等专业技术人员，其中工程师 40 余人，各类注册工程师 20 多人。同时拥有多位具有丰富管理经验的各类注册执业资格专业技术人员，在职员工大多具有 10 年以上专业经历，积累了较为丰富的实践经验，突出表现为：专业技术精、法制观念强、敬业精神好。公司自主经营程度高，能适应市场发展变化而灵活经营。

发展是企业的核心和精髓，企业的各项工作都要把科学发展观贯穿于各项工作的始终，认真贯彻 GB/T 19001-2008 质量管理体系、GB/T 24001-2004 环境管理体系和 GB/T 28001-2011 职业健康安全管理体系认证，并依照以上管理体系严格运行，促进企业健康和谐可持续发展，从而保证企业目标的实现。以质量为生命、以市场为导向、以发展为目标，敬业守信、追求卓越、创造品牌价值、协作共赢。

业达建设管理有限公司秉承“科学、规范、缜密、诚信”的宗旨，始终坚持“独立、客观、公正、廉洁”的职业准则，遵守国家有关执业管理法律规定，遵从工程管理咨询的国际惯例，借鉴国内外先进做法，把工程项目惯例和咨询服务的理论、方法、执行规程有机整合，提升工程管理服务功能，竭诚为客户提供优质高效的专业服务。我们将继续以良好的职业道德、一流的质量、优质的服务、扎实的专业技能和强烈的事业心，赢得更多的客户的信任，我们自信，将以“诚信与实力”全力打造业达品牌，用我们的智慧和热情，真诚回报社会。

在过去的岁月里，通过我们坚持不懈的努力和奋斗，开拓了市场，赢得了信誉，积累了经验，取得了一定的成绩。我们决心将在过去取得成绩的基础上，立足本省，开拓国内，面向世界，用我们辛勤的汗水去开创更加美好的未来。

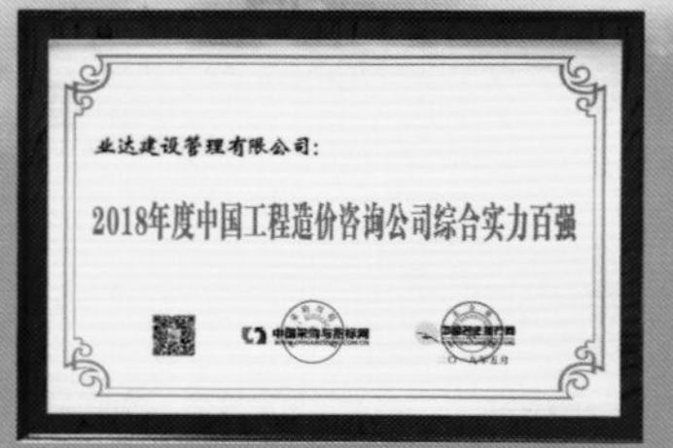

晋中市正元建设监理有限公司

正元监理

公司原名晋中市建设监理有限公司，成立于 1994 年 12 月，于 2008 年 6 月经批准更名。是一家经山西省建设厅批准成立的具有独立法人资格、持有房屋建筑工程监理甲级、市政公用工程监理甲级、公路工程监理乙级资质、水利水电工程监理乙级资质、人防工程监理乙级资质的专业性建设监理公司。

公司现有员工 500 余人，其中注册监理工程师 69 人、注册造价师 3 人、注册安全工程师 2 人、注册一级建造师 6 人，为适应建筑市场需求，公司注重各专业人员结构配置，69 个注册监理工程师中，房建 61 人，市政 45 人，公路 13 人、水利 14 人、机电 3 人，人防 68 人，具有丰富监理经验和管理能力的总监 36 人。本公司备有工程建设监理必需的各类检测、测试仪器及电脑、远程现场监测等现代化办公及通信设施，完全能满足监理工作的需要。

多年来，公司建立健全了一套完备有效的管理运行机制，去年顺利完成体系转版，通过了 GB/T 19001—2016 质量管理体系认证，GB/T 24001—2016 环境管理体系和 GB/T 28001—2011 职业健康安全管理体系认证，同时，通过了企业信用等级评定，成为 AAA 级守信用企业；公司业绩工业与民用建筑突破了 2200 项、4000 万多平方米，市政工程近百项，公路、水利项目已正式启动，所监工程合同履约率、工程合格率、优良率均得到了各方首肯，打造出良好的企业品牌。

回首过去，公司以一流的服务受到了业主的一致好评，多次凭着骄人的业绩闯入"三晋工程监理企业二十强"；仅 2017 年就有晋中市博物馆（档案馆）、图书馆、科技馆建设项目、晋中市城区公共租赁住房项目、平遥县汇济小学迁建工程、迎宾街东延两侧城中村改造项目锦绣园 A 区等 7 项工程被评为省优质结构工程，平遥县汇济小学迁建工程被评为省级建筑安全标准化优良工地，乌金山李宁国际滑雪场项目获得"优秀合作伙伴"的荣誉称号，取得荣誉的同时，更赢得了良好的社会信誉。

2017 年，全公司团结一致、共同努力，不仅拓宽了业务经营范围，而且打破了区域合作界限，所监"第十一届郑州国际园林博览会晋中园"工程项目已竣工使用，效果良好，在监"第十二届中国博物南宁国际园林博览会晋中园"工程项目正在火热进行。新的一年，我们将本着"安全第一，质量至上"的服务宗旨，在工作中追求卓越，服务中奉献真诚，愿以"科学、求实、诚信、共赢"的经营理念与广大业主携手合作，创造更加辉煌的明天。

地　　址：山西省晋中市榆次区迎宾街 216 号（恒基商务中心 421）
电　　话：0354-3031517
邮　　编：030600
E-mail：jzjl3031517@163.com

乌金山李宁国际滑雪场

国际（数码）电影汇展中心

太原师范学院教师周转宿舍

山西能源学院（筹）新校区建设工程

平遥县汇济小学迁建工程

晋中市城区公共租赁住房项目

晋中市博物馆、图书馆、科技馆项目一鸟瞰夜景

迎宾街东延两侧城中村改造项目锦绣园 A 区

龙湖街亮化工程

山西省优质结构工程
证书
证书编号：晋建质结证 17-020
2017 年 8 月 21 日

公租房 7 号楼 省优质结构工程

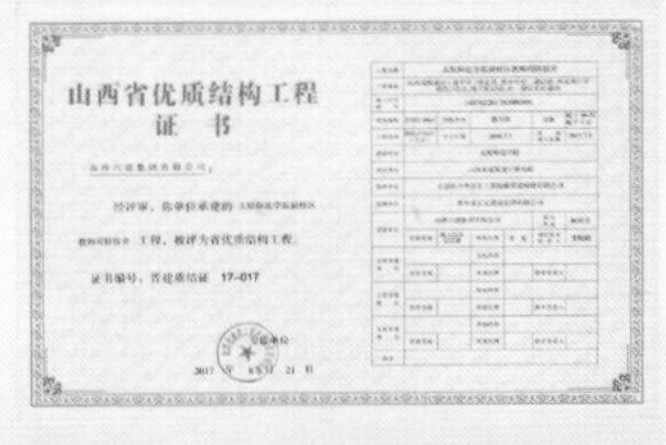

山西省优质结构工程
证书
证书编号：晋建质结证 17-017
2017 年 8 月 21 日

太原师范学院新校区教师周转宿舍 山西省优质结构工程奖

山西省优质结构工程
证书
证书编号：晋建质结证 17-028
2017 年 8 月 21 日

锦绣园 A 区 3 区 5 号楼省优质结构工程

山西省优质结构工程
证书
证书编号：晋建质结证 17-027
2017 年 8 月 21 日

平遥尊鼎家园 山西省优质结构工程奖

背景图：晋中市博物馆

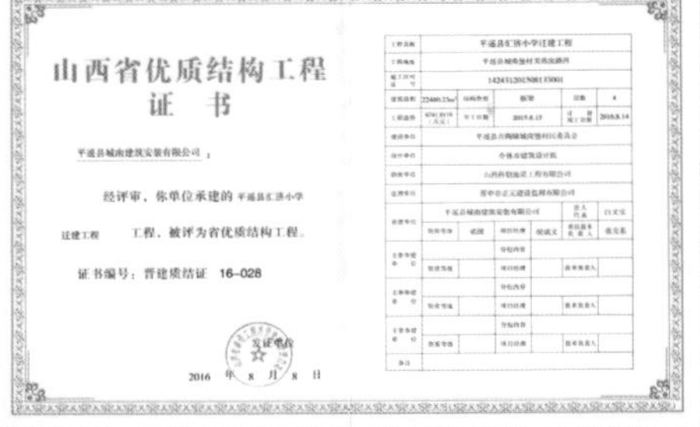

山西省优质结构工程
证书
平遥县城南建筑安装有限公司：
经评审，你单位承建的平遥县汇济小学迁建工程 工程，被评为省优质结构工程。
证书编号：晋建质结证 16-028
2016 年 8 月 8 日

平遥汇济小学 山西省优质结构工程奖

山西省优质结构工程
证书
山西四建集团有限公司：
经评审，你单位承建的晋中市博物馆（档案馆）图书馆、科技馆建设项目 工程，被评为省优质结构工程。
证书编号：晋建质结证 16-092
2017 年 1 月 18 日

三馆山西省优质结构工程

山西省优质结构工程
证书
山西省晋中建筑集团有限公司：
经评审，你单位承建的晋中市城区公共租赁住房项目 二标段 2#楼 工程，被评为省优质结构工程。
证书编号：晋建质结证 17-021
2017 年 8 月 21 日

公租房 2 号楼省优质结构证书

中国铁道工程建设协会

中国铁道工程建设协会于 1985 年 9 月在北京成立，是从事铁路建设前期工作、设计、施工、监理、咨询、评估建设的单位和相关科研教学、设备制造等企事业单位以及有关专业人士，自愿结成的全国性、行业性社会团体，是经原铁道部批准成立，民政部登记注册，具有独立法人地位的非营利性社会组织，是中国铁路建设唯一的全产业链行业协会。

协会的宗旨为，坚持正确的政治方向，按照社会主义市场经济的要求，联合铁路建设业界各方面的力量，通过行业管理、信息交流、业务培训、咨询服务、评先评优、标准制定、国际合作等形式，为铁路建设服务，为铁路建设行业发展和会员单位服务。

协会于 2017 年 12 月在北京召开了第八次会员大会暨八届一次理事会，王同军任协会理事长，李学甫任副理事长兼秘书长。理事会的常设机构为协会秘书处，在理事长领导下，处理协会的日常工作。下设综合部、工程管理部、勘察设计部（勘察设计委员会）、监理部（建设监理专业委员会）、国际合作部（国际合作委员会）。

协会拥有从事铁路建设管理、勘察设计、建筑施工、工程监理、技术咨询、设备制造的单位以及相关科研院校等团体会员 158 家。包括中国铁路总公司、中国中铁股份有限公司、中国铁建股份有限公司、中国建筑股份有限公司、中国交通建设股份有限公司、中国通信信号股份有限公司、各铁路局集团有限公司、中联重科股份有限公司、新疆兵团建设工程（集团）有限责任公司等一些国内外知名的特大型企业，还包括中国铁道科学研究院、中国铁路经济规划研究院、西南交通大学、石家庄铁道大学、中南大学、北京交通大学、兰州交通大学、同济大学等铁道行业权威的科研机构和著名高校。她们在协会工作中都发挥了重要作用。

建设监理委员会是中国铁道工程建设协会的分支机构，成立于 2003 年，现有会员 117 家，协会自成立以来始终坚持党的路线方针政策，通过行业管理、信息交流、业务培训、咨询服务、评先评优、标准制定、国际合作等形式，为铁路监理行业发展和会员单位服务，按照社会主义市场经济的要求，联合监理行业各方面力量，围绕铁路监理行业发展的热点、难点、焦点问题，开展调查研究，反映会员诉求；围绕高速铁路建设的需要，积极开展铁路监理人员的培训，为铁路工程建设打下了良好的基础；围绕标准化建设，积极推广新技术、新工艺、新流程、新装备、新材料的应用，促进行业科技水平的提高；组织开展行业诚信建设，指导企业和监理人员合法经营、依法监理；引导企业加强质量安全管理，提高质量安全意识和工程质量；开展评优评先，促进企业创新发展；利用刊物网站提供信息服务，开展咨询服务，指导企业改善管理，提高效益。

中国铁道工程建设协会建设监理专业委员会所属会员单位，在国家的重点项目建设中都留下了他们的足迹，尤其是在铁路建设中发挥了重要作用，参与了举世瞩目的京沪高铁、京广高铁、京津城际、哈大高铁、沪昆、兰新、青藏铁路等重点项目建设，取得了令人欣慰的成绩，为中国高铁走出国门发挥了重要的作用。目前所属会员单位正以高昂的斗志，积极参与“一带一路”建设，为全面完成“十三五”铁路规划努力奋斗。

中国铁道工程建设协会召开第八次会员大会暨八届一次理事会

中国铁道工程建设协会建设监理专业委员会召开四届一次会员大会暨四届一次常委会

表彰先进

监理人员培训

港珠澳大桥

新加坡金沙综合度假区

迪拜阿勒马克图姆国际机场

昆明市综合交通国际枢纽

重庆悦来会展总部基地

重庆千厮门嘉陵江大桥

江苏南京园博园

机械监理

中国建设监理协会机械分会

锐意进取　开拓创新

伴随着我国改革开放和经济高速发展，我国的建设监理制度已经走过了30年历程。

30年来，建设工程监理在基础设施和建筑工程建设中发挥了重要作用，从南水北调到西气东输，从工业工程到公共建筑，监理企业已经成为工程建设各方主体中不可或缺的主力军，为中国工程建设起到保驾护航的作用。工程监理制给中国改革开放、经济发展注入了活力，促进了工程建设的大发展，有力地保障了工程建设各目标的实现，推动了中国工程建设管理水平的不断提升，造就了一大批优秀监理人才和监理企业。

中国建设监理协会机械分会，会员单位均为国有企业，具有雄厚的实力、坚实的监理队伍、现代化的企业管理水平。会员单位均具有甲级及以上监理资质，综合资质占30%左右，承担了中国从机械到电子信息行业多数国家重点工程建设监理工作，如新型平板显示器件、半导体、汽车工业、北京新机场、大型国际医院等工程，取得多项国优、鲁班奖、詹天佑奖等荣誉奖。

机械分会在中国建设监理协会的指导下，发挥桥梁纽带作用，组织、联络会员单位，参加行业相关活动，开展行业标准制定和相关课题研究，其中包括项目管理模式改革、全过程工程咨询、工程监理制度建设等，为政府政策制定建言献策。

砥砺奋进30载。中国特色社会主义建设已经进入新时代，我们要把握新时代发展的特点，紧紧围绕行业改革发展大局，认真贯彻落实党的十九大精神，扎实开展各项工作，推动行业健康有序发展，不断提升会员单位的工程项目管理水平，为中国工程建设贡献力量。

1. 北京华兴建设监理咨询有限公司　东方电气（广州）重型机器有限公司建设项目

2. 北京希达建设监理有限责任公司　北京新机场停车楼、综合服务楼项目

3. 北京兴电国际工程管理有限公司　北京通州运河核心区能源中心

4. 陕西华建工程监理有限责任公司　铜川照金红色旅游名镇

5. 浙江信安工程咨询有限公司　博地世纪中心项目

6. 郑州中兴工程监理有限公司　郑州市下穿中州大道隧道工程

7. 西安四方建设监理有限公司　中节能（临沂）环保能源有限公司生活垃圾、污泥焚烧综合提升改扩建项目

8. 京兴国际工程管理有限公司　中国驻美国大使馆新馆项目（项目管理＋工程监理）

9. 合肥工大建设监理有限责任公司　马鞍山长江公路大桥右汊斜拉桥及引桥项目

10. 中汽智达（洛阳）建设监理有限公司　上汽宁德乘用车宁德基地项目

东方电气（广州）重型机器有限公司（詹天佑奖）

北京新机场停车楼、综合服务楼

北京通州运河核心区能源中心

铜川照金红色旅游名镇（文化遗址保护）

博地世纪中心

郑州市下穿中州大道隧道工程

中节能（临沂）环保能源有限公司生活垃圾、污泥焚烧综合提升改扩建

中国驻美国大使馆新馆（项目管理＋工程监理）

马鞍山长江公路大桥右汊斜拉桥及引桥

上汽宁德乘用车宁德基地

阿坝州松潘县：川黄公路雪山梁隧道工程监理 JL1 标段

成都市：四川大学华西第二医院锦江院区一期工程建设项目

成都市：凤凰山公园改造一期工程

成都市金牛区：西部地理信息科技产业园

湖州市：新建太湖水厂工程

西藏：西藏德琴桑珠孜区 30 兆瓦并网光伏发电项目

绵阳北川县：北川地震纪念馆区、任家坪集镇建设及地址遗址保护工程项目获“国家优质工程奖”

内江市：内江高铁站前广场综合体项目工程

宜宾燕君综合市场（东方时代广场）工程“获四川天府杯”

漳州市：厦漳同城大道第三标段（西溪主桥为 88+220 米扭背索斜独塔斜拉桥，为全国最宽钢混结合梁桥）

中国华西工程设计建设有限公司

中国华西工程设计建设有限公司，其前身为中国华西工程设计建设总公司（集团），由四川、重庆等 22 家中央、省、市属设计院联合组成，是 1987 年经国家计委批准成立的勘察设计行业体制改革试点单位。

公司经历了励精图治的艰苦创业过程，坚持在改革中创建，在创建中探索，在探索中发展。2004 年实现了由初建的管理型向技术经营生产实体的转化，建成了以资本为纽带、技术作支撑的混合型所有制勘察设计咨询企业，为实现混合型经济所有制企业深化改革进行了有益的尝试。

中国华西工程设计建设有限公司树立“扎根天府，立足西部，面向全国，走向世界”的经营目标，不断发展壮大，已形成一定经营规模和生产能力。公司先后获“中国建设监理创新发展 20 年工程监理先进企业”“全国建设监理行业抗震救灾先进企业”“2006 年度四川省工程监理单位十强”“成都市先进监理单位”“成都市畅通工程先进监理单位”“四川省工程勘察设计和工程监理信誉信得过单位”“四川省和成都市勘察设计先进单位”“全国守合同重信用企业”等殊荣，以及部省级优秀成果奖 100 余项。公司经济实力、信誉和社会影响不断提升，基本形成了工程勘察、工程监理及市政、建筑、公路、铁路设计方面的独特优势和中国华西设计监理品牌。中国华西工程设计建设有限公司在新的时代，与时俱进，勇闯市场，抓住机遇，迎接挑战，树立“环保、健康、节能”理念，坚持“质量第一、诚实守信、用户至上、优质服务”的经营方针，为中国基础设施及生态文明建设再作新贡献。

证　书

授予 中国华西工程设计建设有限公司：

中国建设监理创新发展 20 年工程监理先进企业

中国建设监理协会

二〇〇八年十二月

2008 年荣获“中国建设监理协会创新发展 20 周年先进企业”

中国华西工程设计建设有限公司：

荣获

2014–2015 年度国家优质工程奖。

特发此证。

二〇一五年十一月十八日

2014~2015 年获“国家优质机构”

证　书

授予：中国华西工程设计建设有限公司

2011-2012 年度中国工程监理行业先进工程监理企业

中国建设监理协会

“2011~2012 年度中国监理协会先进企业”

证　书

中国华西工程设计建设有限公司

你单位评为 2013-2014 年度中国建设监理行业先进监理企业

中国建设监理协会

“2013~2014 年度中国建设监理行业先进监理企业”

地　址：四川省成都市金牛区沙湾东二路 1 号世纪加州 1 幢 1 单元 4-6 楼
邮　编：610031
电　话：028-87664010
网　址：www.chinahxdesign.com

山西省建设监理有限公司

山西省建设监理有限公司（原山西省建设监理总公司）成立于1993年，于2010年元月27日经国家住房和城乡建设部审批通过工程监理综合资质，注册资金1000万元。公司成立至今总计完成监理项目2000余项，建筑面积达3000余万平方米，其中有10项荣获国家级“鲁班奖”，1项荣获“詹天佑土木工程大奖”，2项荣获“中国钢结构金奖”，1项荣获“国家优质工程奖”，1项荣获“结构长城杯金质奖”，6项荣获“北军优奖”，40余项荣获山西省“汾水杯”奖，100余项荣获省、市优质工程奖。

公司技术力量雄厚，集中了全省建设领域众多专家和工程技术管理人员。目前高、中级专业技术人员占公司总人数90%以上，一级注册结构工程师、注册监理工程师、一级/二级注册建造师、注册造价工程师、注册设备监理师等。公司高层高瞻远瞩，注重人才战略规划，为公司可持续发展提供了不竭动力。

公司拥有自有产权的办公场所，实行办公自动化管理，专业配套齐全，检测手段先进，服务程序完善，能优质高效的完成各项管理职能业务。公司于2000年通过ISO9001国际质量体系认证，并于2017年完成职业健康安全管理体系和环境管理体系的认证。企业能严格按其制度化、规范化、科学化的要求开展建立服务工作。

公司具有较高的社会知名度和荣誉。至今已连续两年评选为“全国百强监理企业”，八次荣获“全国先进工程建设监理单位”，连续十五年荣获“山西省工程监理先进单位”。2005年以来，又连续获得“山西省安全生产先进单位”以及“山西省重点工程建设先进集体”。2008年被评为“中国建设监理创新发展20年工程监理先进单位”和“三晋工程监理企业二十强”。2009年中国建设监理协会授予“2009年度共创鲁班奖监理企业”。2011年、2013年再次被中国建设监理协会授予“2010~2011年度鲁班奖工程监理企业荣誉称号”和“2012~2013年度鲁班奖及国家优质工程奖工程监理企业荣誉称号”。2014年8月被山西省建筑业协会工程质量专业委员会授予“山西省工程建设质量管理优秀单位”称号,12月被中国建设监理协会授予“2013~2014年度先进工程监理企业”称号。

公司始终遵循“严格监理、一丝不苟、秉公办事、热情服务”的原则；贯彻“科学、公正、诚信、敬业，为用户提供满意服务”的方针；发扬“严谨、务实、团结、创新”的企业精神，以及独特的企业文化“品牌筑根，创新为魂;文化兴业，和谐为本;海纳百川，适者为能。”一如既往地竭诚为社会各界提供优质服务。

山西省十大重点工程，我们先后承监的有：太原机场改扩建工程、山西大剧院、山西省图书馆、中国（太原）煤炭交易中心——会展中心、山西省体育中心——自行车馆、太原南站。公司分别选派政治责任感强、专业技术硬、工作经验丰富的监理项目班子派驻现场，最大限度地保障了“重点工程”监理工作的顺利进行。

今后，公司将以超前的管理理念，卓越的人才队伍，勤勉的敬业精神，一流的工作业绩，树行业旗帜，创品牌形象，为不断提高建设工程的投资效益和工程质量，为推进中国建设事业的健康、快速、和谐发展作出贡献！

公司网站：www.sxjsjl.com

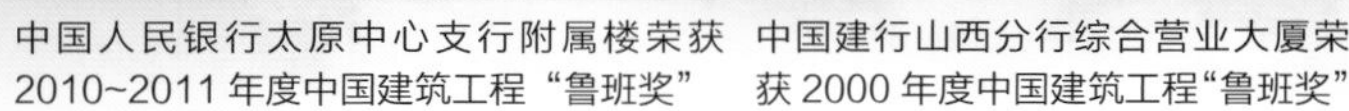

中国人民银行太原中心支行附属楼荣获2010~2011年度中国建筑工程“鲁班奖”

中国建行山西分行综合营业大厦荣获2000年度中国建筑工程“鲁班奖”

太原机场航站楼荣获2009年度中国建筑工程“鲁班奖”

山西省国税局业务综合楼荣获2002年度中国建筑工程“鲁班奖”

鹳雀楼荣获2003年度中国建筑工程“鲁班奖”“詹天佑土木工程大奖”

山西省博物馆荣获2006年度中国建筑工程“鲁班奖”

太原南站

中国煤炭交易中心荣获2012~2013年度中国建筑工程“鲁班奖”

山西省图书馆获2014~2015年度中国建筑工程“鲁班奖”

山西省水利水电工程建设监理有限公司

山西省水利水电工程建设监理公司成立于1993年3月，2013年12月由全民所有制企业改制为有限责任公司，并经山西省工商行政管理局核准更名为“山西省水利水电工程建设监理有限公司”，出资人为山西水务投资集团有限公司，注册资金1000万元。

公司已核准的营业范围为：水利水电工程建设监理；工业与民用建筑工程监理；市政工程监理；工程移民监理；水土保持生态建设监理；机电及金属结构设备制造监理；水利工程建设环境保护监理；各类工程招标的代理；建筑工程技术咨询服务。公司具有住建部颁发的水利水电工程监理甲级资质、工程招标代理甲级资质；水利部颁发的水利工程施工监理甲级资质、水土保持工程施工监理甲级资质、机电及金属结构设备制造监理乙级资质、水利工程建设环境保护监理资质；山西省住建厅颁发的房屋建筑工程监理乙级和市政公用工程监理乙级资质。并通过了质量管理体系、环境管理体系和职业健康安全管理体系认证。

公司广集三晋水利战线的技术精英，造就了一支专业门类齐全、技术精湛、爱岗敬业的职工队伍。现拥有水利部及建设部注册监理工程师、注册造价工程师、注册建造师、国家注册安全工程师共达258人次，是目前省内水利水电行业最具有规模和实力的工程监理单位之一。

公司坚持“公正严谨、求实重效、科学管理、争创一流”的质量方针，先后承担了引黄入晋工程、汾河二库工程、西龙池抽水蓄能电站、新疆引额济乌工程、南水北调应急供水工程、辽宁大伙房输水二期工程、辽宁大伙房水库输水应急入连工程、内蒙古呼市小黑河赛罕段工程、四川茂县灾后重建工程、甘肃引洮供水工程和山西大水网工程等一批国家、省重点工程的监理任务。公司以PCCP管道安装、TBM掘进及新材料筑坝施工监理为核心技术，已监或在监工程达到16类1800余项，控制投资额达500多亿元，为山西乃至全国的水利工程建设作出了重要贡献。

公司践行“忠诚、公正、团结、创新”的核心价值观，在水利水电行业树立了良好的形象。承监的山西省横泉水库工程、山西省柏叶口水库工程荣获“中国水利优质工程大禹奖”。先后被水利部、水利部办公厅、中国水利工程协会、中国水利企业协会、中国工程质量监督管理协会、山西省建设厅、山西省水利厅、山西省建设监理协会等部门分别授予“全国水利系统建设监理先进单位”“全国水利技术监督工作先进集体”“水利建设市场主体信用AAA级单位”“全省先进建设监理单位”“全省水利工程建设监理先进单位”“三晋监理企业二十强”等荣誉称号，得到了社会的广泛认可。

乘势扬帆逐浪高，跨越发展正当时。我们将继续发扬不畏艰辛、积极进取、精益求精的工匠精神，昂首走进新时代，向着更高更远的目标阔步前进，谱写山西水利监理事业发展的新篇章！

万家寨枢纽工程

新疆引额济乌工程

汾河二库工程

张峰水库工程

柏叶口水库大坝

引洮供水工程

东山供水

南水北调中线工程

西龙池抽水蓄能电站

辛安泉供水改扩建工程（辛安泉泵站机组运行）

封面图片 / 驻马店体育中心
图片提供 / 北京五环国际工程管理有限公司

经销单位：各地新华书店、建筑书店
网络销售：本社网址 http://www.cabp.com.cn
中国建筑出版在线 http://www.cabplink.com
中国建筑书店 http://www.china-building.com.cn
本社淘宝天猫商城 http://zgjzgycbs.tmall.com
博库书城 http://www.bookuu.com
图书销售分类：建筑工程经济与管理（M30）

ISBN 978-7-112-24042-5

（34546）定价：**35.00**元